没走过的是路，走过的才是人生

road and life

德鲁伊 著

作家出版社

图书在版编目(CIP)数据

没走过的是路,走过的才是人生 / 德鲁伊著. -- 北京:作家出版社,2015.10

ISBN 978-7-5063-8091-1

Ⅰ.①没… Ⅱ.①德… Ⅲ.①散文集-中国-当代 Ⅳ.①I267

中国版本图书馆CIP数据核字(2015)第132767号

没走过的是路,走过的才是人生

作　　者: 德鲁伊
责任编辑: 周　茹
装帧设计: 粉粉猫
出版发行: 作家出版社
社　　址: 北京农展馆南里10号　　**邮　　编:** 100125
电话传真: 86-10-65930756(出版发行部)
86-10-65004079(总编室)
86-10-65015116(邮购部)
E-mail: zuojia@zuojia.net.cn
http://www.haozuojia.com(作家在线)
印　　刷: 北京凯达印务有限公司
成品尺寸: 143×208
字　　数: 196千
印　　张: 9
版　　次: 2015年10月第1版
印　　次: 2015年10月第1次印刷
ISBN 978-7-5063-8091-1
定　　价: 35.00元

人生苦难重重，人生是一场艰辛之旅，人生就是在不安的世界心智成熟地活。

几乎人人都有心理问题，只不过程度不同而已；几乎人人都有程度不同的心理疾病，只不过得病的时间不同而已。

拒绝成熟，实际上就是在回避问题、逃避痛苦。回避问题和逃避痛苦，我们就会为此付出沉重的代价，承受更大的痛苦。

不要逃避。直面问题，我们的心智就会逐渐成熟；逃避问题，心灵就会永远停滞不前。

只要你有勇气翻开这本书，你就一定有勇气面对自己的问题；只要你勇敢地面对自己的问题，你就踏上了心智成熟的旅程。

愿这本书能够带走你所有的烦恼、悲伤和不安，留下坚持、感动与爱。

目录

Part I
我们该如何存在

Part Ⅱ

爱

PartⅢ

人生的道路，选择的力量

PartⅣ

没走过的是路，走过的才是人生

后记

Part Ⅰ　我们该如何存在

为什么我们需要存在感？

我们的生活像极了在雨中行走的人，不管我们选择走得快还是慢，雨滴总是会落下，我们总是注定会遭遇到人生问题和痛苦的雨滴。

生活是由各类问题组成的，通常我们也会把遇到的问题描述成痛苦。为了解决它们，我们创造出更多的问题和更深的痛苦。我们悲伤、恐惧、焦虑、嫉妒、愧疚、懊恼、愤怒、寂寞、孤独、绝望，我们不断接受着它们的打击，这样的心灵痛苦比身体的痛苦更让人难以忍受，痛苦如此强烈、如此接连不断，我们的人生似乎就是来受苦的。

那人生到底有多苦？

从我们懂事起，就被告知，我们必须接受无尽的痛苦和磨难。而幸福和快乐，是上天赐予你的，需要你具备莫大的勇气和运气。人生之苦，成为生命的信条。而似乎，只有我们认同了人生的苦难重重，才能得到超越，才能真正地对人生不再耿耿于怀。

这一切是真的吗？还是我们面临的问题，是我们人生必须面对的，正视这些人生的问题，我们就可以脱离苦难？人生一定充满问题，因为世界的变化和个人的成长成熟，永远不可能同步合拍。但面临问题，就一定将之描述成灾难和困苦？永远佝偻前行、悲伤啼哭，承担人生的结果而不是解决人生的问题？

人生的问题需要解决，关键在于自我认知，保持自我的存在感。爱比克泰德(Epictetus)说："痛苦和快乐都是可以选择的。你的思维方式决定了你的感受。在最初的疼痛点燃了痛苦的情绪后，经历更多臆想的痛苦是很'正常'和普遍的。滑向旧有的、根深蒂固的思维习惯中去是很容易的。"对自我认知缺失，就不可能真正了解所面对的问题，解决任何的麻烦。人生的成功、失败，之间间隔的只有一道明确的界限，就是完全的自我认知。

自我的建立、人生的行进，说到底就是一个不断面对问题、解决问题的过程。智能是我们面对问题的工具，而问题可以增长我们的智慧；知识是我们看待世界的力量，而勇气被问题激发出来，就成为解决问题的动力。我们是在面对问题和解决问题之后，不断成长直至成熟的。这样的心智模式，才会激发我们无穷的潜能和力量。

但是，为什么我们更多的是选择逃避？

我们渴望远离或是回避问题，压根儿不想去解决这些问题。没有谁愿意承担痛苦，遇到问题自然会想逃避。甚至不惜因为逃避而丢失自我和制造更大的问题。有些刻意拖延问题的解决，希望时间能帮助自己解决问题；有些将问题推给其他人或是环境，告诉自己这个不是自己的问题；有些慌不择路地逃跑，根本来不及观察问题到底是什么；有些人自闭症般地，对问题视而不见；

有些人小聪明，将问题转化成其他的模样；也有人开始运用毒品和成瘾的事物麻醉自己。

对人生问题的错误认知和逃避，看似是逃避痛苦，却成为自我认知缺失的根源，一切心理的疾病都由此而生。毋庸置疑，现代社会，心理完全健康的人几乎不存在，大多数人都有这样那样的心理问题，或是心理缺陷。人生的旅途，似乎就是心理疾病不停地产生、加深乃至成为顽疾的过程。

但是只要我们利用这些心理疾病，让我们得到些微的慰藉，或是可以让自己躲避问题带来的痛苦，我们就会上瘾，然后一次次地让自己面对人生更多的痛苦。世界在我们眼里扭曲了，人生自然也就是扭曲的。而那些心灵的创伤，让我们的自我认知成为泡影或是病态的，甚至是变态的。唯有真正地开始自我认知，努力建立成熟的心智模式，才能正确地面对自我的人生，面对人生必须面对的问题和痛苦。

我们或许需要外界的力量去治疗我们内心的疾患，但更多地需要我们面对问题时，第一时间选择的不是逃避，并明白所谓的痛苦其实是心灵成长的一个必要过程。自发的心灵治疗，才可能得到成熟的心智模式。逃避问题，也就错失了心灵成长的契机。正确的自我认知是我们面对人生最重要的武器，我们才可能拥有健康的心灵、成熟的心智模式、充满人生的智慧，才可能在面对人生的问题时发现它们并解决它们。

如何建立并正确地利用自我认知，保证自己的存在，培养成熟的心智模式，走过真正属于自己的人生？

简单的原则：**担当自我，了解真相，自我界定，保持平衡。**看似简单到如手游般的游戏规则，却似乎也深奥到充满哲学般的思考。克里希那穆提（Krishnamurti）说："我们必须问自己一个重要的问题：探索内心能够到达什么程度。这个问题和心智是否认真有关，因为它暗示着对整个心理结构的觉知，包括所有的冲动、渴望、挫折、压力、焦虑、挣扎、痛苦以及各式各样的烦恼。一个充满着烦恼的心不可能是认真的，只有愿意了解烦恼，能立即消融烦恼的心才是认真的。"

人生需要正确的自我认知和成熟的心智模式，只要你还明白：没走过的是路，走过的才是人生。让我们以一个故事开始，开始学着如何正确地自我认知，确认自我的存在。

一名女子已经到了生命尽头。昏迷中，她突然觉得被带到了天堂，站在审判席前。

"你是谁？"一个声音问。

"我是市长夫人。"她回答。

"我没问你是谁的妻子，而是问你是谁？"

"我是四个孩子的母亲。"

"我没问你是谁的母亲，而是问你是谁？"

"我是个老师。"

"我没有问你的职业，而是问你是谁？"

就这样，无论她如何回答，答案都不令人满意。

"你是谁？"

"我是基督徒。"

“我没问你的信仰，而是问你是谁？”

“我是每天都上教堂，喜欢济弱扶贫的人。”

“我没问你干了些什么，而是问你是谁？”

很简单，她没有通过测试，因而被送回了人间。当她康复后，她下定决心要找出自己是谁。于是，她变得与众不同了。

为什么我们总是很焦虑?

春天总是被形容为蠢蠢欲动的季节。阴暗角落的冰雪也开始消融的时候，柳树笼烟的绿开始如雾般的美丽，但冬末春初我们却经常面对焦虑甚至是抑郁的心理问题。

焦虑是现代人最常见的心理问题：没有得到成功的人焦虑，是因为对自己现状不满或是不能确定是否能达成自己的梦想；那些成功的人却也同样焦虑。根据美国国家心理健康研究所的最新数据，美国一年当中受焦虑症困扰的成年人约有4000万，相当于总人口的18%。焦虑症患者轻则表现为无端忧虑，重则甚至出现抑郁症和偏头痛、高血压、心脏病和消化系统紊乱等身体疾病。美国著名心理分析师卡伦·霍妮在《焦虑的现代人》中，将焦虑指标分为五个方面:第一,一个人给予外界及获得外界关爱的态度；第二，自我评价的态度；第三，自我肯定的态度；第四，侵略性；第五，性欲。如果一个人在这五个方面都有些许的问题，恭喜你，已经开始受焦虑症的侵扰了。

让我们先来认识一下春天来到静心小组的Swamp吧。

Swamp是个通常意义上我们认为的成功者。他是小额融资公司的老板，间或做着一些商业地产。年纪不人、魁梧身材，但看起来松软懈怠。可能穿惯了西服，一身休闲装的时候，总觉得有点儿不合拍和些微的别扭。

他来静心小组，原因是他总觉得焦虑、悲伤和随时的烦躁，每天一睁眼似乎全是问题需要答案、事情需要解决。他已经分不清谁重要谁不重要，也已经丧失了事情缓急的判断，不知如何制订计划，甚至偶尔出现了幻听和莫名其妙的头痛。检查后也没什么毛病，运动在坚持，每周还去郊外跑 10 公里。但不管身体多累，永远会熬夜，每天起床，一定充满悲伤和无奈。

“为什么我睡不着呢？”

“睡眠相位后移症吧，就是习惯性晚睡，和一般人入睡的时间有差异。”

“原先我也是拿这个说事，认为自己是夜猫子，适合晚睡，或是说因为常去国外，时差倒不过来了。但后来发现跟那个无关，我晚睡了，睡得再多，起来的时候我感觉还是不好，就跟没睡一样。而且现在不管我睡多久，这一段生活工作怎么样，我起床的时候就是觉得焦虑，紧接着就引发悲伤。一睁眼，就感觉无路可退，却又永远看不清前边的路在哪儿。”

“那你一直是这样，还是什么时候变成这样了？”

“我年轻时是反的，我睡前很焦虑，醒来的时候充满斗志和希望；打拼了几年，才 30 多岁就反过来了，只要醒来我就很焦虑。”

“像陷在沼泽里？你明明知道越安静机会越大，但你就是忍不住要动，不动似乎就是对自己的不负责，你也明明知道需要一只手拉你出来，但伸过来的手因为不是你自己的手，你就不敢去抓？”

“对对对，就是那种感觉。我做的事情越多、努力得越多，我像越被紧紧地捆绑住了。”

“你的焦虑，是觉得现在过得不好、不如意，还是其他的什么？”

“没有，我过得蛮好的，我也蛮成功的。我在我家族里，我兄弟姐妹里，我同学里，甚至包括在这个社会上，我都觉得还算不错的。”

“那在你自己眼里呢？”

“我的眼里就是大家眼里啊，这有什么区别吗？”

……

Swamp心理问题已经影响到身体了，但解决问题的钥匙是隐藏在他现在的生活里，还是他过去的经历里呢?

静心训练开始后，问题也就渐渐明晰起来。Swamp不能做独处的冥想训练，必须有小组成员在场或是老师指导。他理性而谦逊，几乎很少提及或很少用到“我”，而且回忆自己的经历较少用很确定的口吻，通常是用迟疑、怀疑、商榷的口吻在描述自己的过去。简单地说，他社会角色很成功，却基本没有明确的自我，自我认知含糊、缺失。正是这样的自我缺失成为他挥之不去的心理阴影，造成了他的焦虑和抑郁。

我帮他寻找了一个简单的方法，就是寻找儿时曾经的爱好。他告诉我小时候曾经狂热地喜欢Star wars，但一来家里不富裕，二是被教育“玩具是影响学习的”，所以就没再关注。这一次我建议他从玩具开始入手，但是必须是在清晨起床后抽半个小时去玩。

大约两周左右，他给我展示了他的成果，一个硕大的死星泰坦巨舰，还有一系列人物玩偶的照片。他兴奋地告诉我，虽然现在还是睡不着，但醒来倒是真的不那么悲伤了。因为这每天半个小时的专注，他已经对焦虑悲伤这个事情不那么在意了，也感觉没那么烦闷了。虽然静心的课程，他依旧是那样无法面对自我，但多少已经可以不再那么焦虑。

Swamp 的情形在现在社会很普遍。从孩童时期开始，我们的教育及成长的目标，就充满了目的性和社会标准，我们也被告知怎么样才算成功，都有确定的、量化的指标。你要做的就是获取这个社会或是父母认可的成功，是让你成为一个成功的人，而不是成为你自己。

这直接导致了你不能做你热爱的事情，只能做社会认可的事情。成功成为一个不能停止的事情，而自我是不能存在的，因为你寻找自我的任何方式都会阻碍你成为一个社会化的人，这样的矛盾使得你在一次次地寻找社会认可的成功之后，你也就选择了担当社会要求的“成功的我”，而选择不担当自我。

但每个人又不能完全忘却自我，当你发现自己的人生所有的努力纯粹是为了应付这个世界的标准，这开始让你感觉到焦虑，感到找不到自己，开始让你质疑自己的生活和人生。但越是怀疑，你越是焦虑,因为你无法弥合“担当自我”和“社会化自我”之间的裂隙。正是这样的裂隙和背离，造成你对现在莫名其妙的悲伤和焦虑。

失败者的焦虑是内心渴望成功，成功者的焦虑是被成功所绑架。你被社会地位、事业、职务、财富所绑架，你就在为维持这个成功或是成功的形象而不停歇地努力。**消弭“担当自我”和“社会化自我”之间的差异和冲突，才是面对焦虑我们要做的。我们必**

须在心态平稳和崩溃之间寻找一个微妙的焦虑平衡点，只要焦虑度没有超出这个平衡点，人们就能在焦虑的刺激下获得成功，也不会因压力过大而表现失常。

不如给点贴士，让我们的人生既能保持存在感又不那么焦虑。

每天保证七八小时的睡眠；

亲近大自然；

注意防晒；

性生活安全而正常；

更多时间陪朋友和亲人；

不吸烟、不酗酒；

多喝水；

在家做饭，吃大量蔬菜和水果；

保持行走坐卧的开心姿势；

养宠物；

多站少坐，保持运动；

定期体检；

拒绝碳酸饮料，拒绝抗生素；

心存感激，去愤怒化，制怒；

尽快解决掉糟糕的人际关系和婚姻。

讨好这个世界后，学会讨好自己

开春的玉兰刚刚绽放，Ivy 发来一张照片，那是在公园读书时的一个剪影，春天的树，身边蹲着她的宠物狗，她闲适地穿着古着主义的衬衣，头发蓬松而随意扎在一起。这张照片让我觉得，Ivy 终于开始主动选择自己的生活，不再让世界替她选择。

第一次见到她时也是春天，之所以给她取名 Ivy，一是春天常春藤刚刚发芽的时候，她优雅地出现在静心小组里；二是她有名校的背景，还是文学和经济的双学士。她的丈夫是她的学长，金融业的高管。校友会上的邂逅，有 Ivy 学识功底的原因，也有日常礼仪、形态、自我设计的功劳。毕业后，去金融业走了两年过场，Ivy 就结了婚，现在已经有了第二个孩子。

Ivy 优雅而知性，身材很是诱人，时尚体现在她对潮流的把握上，不单纯是一两件名牌的展示。骨子里的东西总会有气场，她细致到每次的冥想静心都会选择不同的衣服，却又都很得体。因为这个刻意和不够安静放松，我找她做了次一对一沟通。

“为什么想来静心小组呢？”

“我想了解静心这个事情，除了静心能做什么之外，也想了解静心小组是如何运转的。”

“这是个自发的静心小组，本身没什么利益产生的。”

“没有利益也是利益啊。静心冥想现在成为很多人生活的必需品，而没有利益还能运转，这才是静心的神奇吧。”

看着她努力相信静心是生活必需品的理由上，我允许她随意地进入不同小组不同课程阶段，随她的喜欢和兴趣。

大约过了一周，Ivy 邀请我分享一些心得，她找到一段爱比克泰德 (Epictetus）的话 :“一个人应该以某种方式去能够自我满足，能够做自己的同伴，并为此做好准备。就像宙斯那样，独居，使自己平静下来，思考自己的统治和统治的实质，使自己忙于思考。因此，我也应该能与自己交谈，也不要再想有人陪伴，要有足够的办法消磨我们的时光;要观察我们与其他一切事物的联系;我们以前是如何对待发生在我们身边的事情的，现在又该如何对待;是什么事物仍带给我们痛苦，如何治疗，如何祛除这些痛苦;如果有什么事情需要改善，就按理性去改善吧。”

“静心的目的是和自己为伴吗？”Ivy 简单直截。

“不完全是，应该是发现自我，与自己和平相处，最终与自我融合，当然最好还可以与环境融合。”

“那我又是怎么了呢？我幸福，也很珍惜生活，我没有要求我不能得到的东西，我获取我靠努力能得到的最好的东西，还努力让生活变得有趣而充实。为什么我仍旧很喜欢爱比克泰德 (Epictetus）的话呢？”

“照我说，你别生气。你的人生更多的是讨好这个世界，你偷窥到了这个世界的弱点，不停地选用最有效的方式，用最安稳也看似最幸福的方式达到你的目的。但这里面有个问题，你的行为是这个世界认可的，你却没有任何一次问自己，这样做自己喜欢吗？你用世界会喜欢你这么做的理由当作最理所应当的理由，决定不去理会自己内心的想法和喜好。你可以和世界和平相处，但和自己就不行。”

“哦……”

我们这个世界，随处可以见到无数个 Ivy，不管是否活得好，人生是否成功。他们选择先讨好这个世界，让自己看起来还算成功，想着未来有机会了再寻找自我。但是，当一次次的选择讨好之后，逃避自我就成了习惯，自我在人生里一点儿痕迹没有留下，最终，逃避自己就变成了失去自由。

Ivy 很喜欢文学，曾经在高中时代组织过剧社，尝试写过剧本。在礼仪培训中，曾经狂热地喜爱服装设计。但她这些爱好，在后来的生活里，似乎与她是否能生活得更好无关，在后期也就被她自己束之高阁了。而随时优雅和随时保持竞争力，这一点已经让她看似很成功，但同样也让她很疲惫。当优雅知性、魅力和气场成为她的必需时，她时刻保持着计划性和利弊的衡量，这些都让她越来越觉得失去自由。

她之前一直把这个失去自由，归结为家庭、孩子、年纪等等原因，但不管她如何觉得自由消失了，并很焦虑这一点。但每一次面临选择，她还是会选择这个世界认可的，通常意义上有利于自己的。她过去把这个定义为安全的、有益的、长久的，也获取了看似幸福的结果。但人生的顺遂反而变成了一种禁锢，因为每一次的选择都是考量这样会带来什么利益，而不是“我”喜不喜欢，当有一天 Ivy 发现，她想做她喜欢的事情，过自己喜欢的人生是不可能的，倒不是环境条件、财力物力不允许，而是觉得这个喜欢的事情、喜欢的人生不能产生利益，没有利益可言，对自己的现在未来也就一定没什么益处，也就不需要。

静心里有一个词汇“解放者”，相对应的就是“被禁锢者”，克里希那穆提（Krishnamurti）说：“真正的革命不是借由集体的活动而达成的，而是要在关系的互动中重新评估自己的真相。这件事本身才是真正的变革，而且是一种激进的、延续不断的革命。”其实就是说，**我们不停寻找的理由，如这样做有利于我、这个世界要求我这样做的理由，其实多多少少都是讨好这个世界，心甘情愿让世界去剥夺我们的自由、让我们远离自我。而任何的自由，都需要自己对自己的解放，因为这样、那样的束缚都是自己给自己强加的。**

Ivy 人生的选择，在任何的旁观者看来都是成功的。但她逐渐为这个成功付出得越来越多，却越来越不快乐。连静心冥想这样寻找自我的事情，她也会刻意到衣服的选择，努力寻找里面运转的机制和利益。我能做的也就仅仅是建议她不那么逃避自我，寻找一些心灵上的自由。

我建议她把她曾经的剧本重新整理一下，并尝试编个小话剧邀请大家参加，并在戏剧里，将她时装设计的梦想实现一下。

Ivy 带给我们的何止是惊喜，她编写了一个小孩子带着宠物狗，寻找精灵的故事，小孩子最终发现自己的宠物狗就是精灵变成的。她设计了服装、道具，并邀请了静心小组里的成员参与。她不再刻意于自己的着装和妆容仪表，在和大家摸爬滚打了几个晚上之后，也开始享受矿泉水、冷面包充饥的感觉。

演出很成功。因为演员和观众是一体的，不再是演给谁看，或是去评点演得如何。**而且，这样寻找精灵的历程，即如每一个人面对的问题，当发现逃避掉自我、放弃过自由后，总是那么渴望重新寻找自己内心的精灵，而精灵或许从来没有走远，只是我们把它当作了可有可无的事物罢了。**Ivy 也不再热衷于了解静心的流程和为什么要静心，能带来什么样的益处，而是进入到静心的世界里，或者说进入她自己的世界里。

后来，我还经常邀请 Ivy 来新的静心小组，这个精灵小话剧也成为一个保留的项目。Ivy 总是让我想起卢梭在《爱弥儿》里的一句话："人是生而自由的，但却无往不在枷锁之中。自以为是其他一切的主人的人，反而比其他一切更是奴隶。"

Cosplay 人生的人，更像是个 loser

角色扮演（role playing）是社会心理学的一个名词。大致是讲每个人都在一定的社会文化中通过训练、模仿和认同里学会扮演各种角色。只要人们真正相信他们担负的角色，认为应当完善地扮演，他们的行为就是真实的，他们的自我和角色就是统一的。只有当人们不相信和不认为应当扮演某个角色，只是为了满足他人期望而扮演某个角色时，才会产生不真实的角色扮演，自我和角色就产生了分裂。这种人虽然是出于获得他人承认的内心需要，但实际上往往既得不到他人的承认，也得不到自己的承认。

直如一个诗人说过："由于我们过于习惯在别人面前戴面具，因此最后导致我们在自己面前伪装自己。"也正是这个原因，我最终辞退了 Lara。

去年春天招聘会上，我遇到了 Lara。Lara24 岁，毕业两年，换了两个工作。Lara 的妆容和服饰花枝招展却又十分克制，在她的简历里"特长"项目中，我见到了"cosplay"。这个让我很好奇，因为第一次见到把"cosplay"当作特长而不是爱好的。

"cosplay 和模仿秀有什么不同呢？"我不太分得清模仿秀和 cosplay 的区别，所以多问了几句。

“是‘我像’和‘我是’的区别。模仿秀是努力证明我像，而我们要做到身心外表气质都配得上‘我是’。”不假思索的回答，通常都是回答过很多遍的结果。

“那你感到最快乐的是什么呢？”

“是观众们看到，说‘这个 ××× （角色）太漂亮了’，而不是说这个人真漂亮或是扮得真像。再就是，装扮好，我就忘我了，我就是 ××× 了。那种感觉跟我又活了一次似的，哪怕就是一瞬间呢。”

Lara 进了我们公司，做了公司的业务内勤，还算中规中矩。我很好奇她能否在业务里有惊人之举，最后却让我有点儿失望。Lara 可以为了 cosplay 细致到去做身体的微整形，却做不到在业务上细致入微和全情投入。给我的感觉，工作和生活是她漫不经心的演出，而 cosplay 才是她真正在意的生活。

Lara 和我观察过的很多年轻人一样，对自我的不满已经发展到开始对自己生活细节、工作细节的怠慢。他们有很多的理由去埋怨这个世界的不公平，但反过来又对自己的工作和生活不加努力。他们总是对生活、对工作有诸多不满，却又把自己尽可能多的时间和精力去花费在对人生没有任何效用的事情上。起初他们的理由通常是，用这些可以让自己放松和快乐，只有这样他们才能对人生重新充满渴望，才会有勇气去面对人生；但及至后来，他们将这些变成生活里他们唯一觉得有意思的事情。

我有意识安排 Lara 做了一些小的细致的事情，而且按部就班地告诉她时效、时间节点、结果要求、绩效评定方式、流程等，发现 Lara 是可以完美地完成这些事务的，而且也能较为创造性地解决问题。于是我发现，问题的关键是她不知道如何去做她应该做的,而不是她不能做。当她觉得自我担当不了自己的生活时，在生活、工作、社会角色担当方面遇到疑惑或是打击后，她选择的就是角色扮演，因为角色的扮演是有章可循的，有清晰的评定标准，而且不用担负相应的人生责任。

东方哲学里推崇“言行一致,表里相应”。孔子几千年前说过:“质胜文则野，文胜质则史。文质彬彬，然后君子。”也是内外相谐的意思。但现代社会因为世界的发展，我们却越来越多地讨论起类似多重人格的问题。多重人格大致被描述成“不同的灵魂居住在一个躯体里”。通常，我们也会把多重人格的产生，归结为少年时期或是人生经历里曾经遭受重大的挫折或是坎坷。

另一方面，我们也经常被迫地被别人定义成某种角色，于是我们努力地去扮演，希望能得到社会或是别人的认可。社会的分工成为人的分类，人们习惯于把自己也确定为不同的角色，尽可能地完成角色的扮演。男人在扮演老板、下属、父亲、儿子、朋友，女人努力去扮演妻子、爱人、情人、妈妈、女儿，我们把角色当作了自己的人生，一方面自己这样容易得到社会化的认可，一方面可以尽可能地避免受伤害。

角色扮演的方法在心理学上本身有很良好的运用，目的是能让角色扮演者更好地挖掘出被压抑或是掩盖的真性情。毕竟，社会角色是从孩童时期开始探索这个世界就会面对的问题，而角色扮演的心理治疗能很好地在自我和社会角色之间寻找到平衡，是一种类似于人格替换的过程。

但多重人格是被迫的，角色扮演的心理治疗是治疗方法，但现实中如Lara却是主动选择了角色扮演。她的选择是可以享受角色扮演的成功和被关注，却不用承担角色扮演的责任。可以肯定的是，我们的生活从开始意识到自己只是世界的一部分时，就开始充满了未知和冲突。而这样的未知，在我们的学生时代，被教育成只要读懂了书本死的东西，自然面对这个世界没问题。“日光之下，并无新事。”但我们却没有被教育到，在去接受未知的同时，需要担当自我。

于是问题接踵而至，你拿着少年时学习的知识，面对角色扮演要求的社会。最终，你一定是选择放弃自我，开始随时随地地角色扮演，而且开始热衷于扮演那些不用承担责任、只需要享受掌声的角色。社会角色认定是现代社会的产物，本意是为了让社会化的人更好地承担相应的社会责任，但到了现在成为每一个人逃避责任的理由。

为什么我选择放弃Lara？她对于cosplay的热爱，已经到了颠倒生活的地步。她太享受那些cosplay带给她的满足感和荣誉，她已经决定不正视自己的人生。人生或许最终一定会让Lara学会或是懂得，你不学会走过自己的人生，而是选择角色扮演，那其实是放弃自我。一个cosplay自己人生的人，更像是个loser。

那你呢？

按照拉尔夫·林顿（Ralph Linton）的说法，一个人在社会化中，占有的是地位，而扮演的是角色。这是现代社会发展的必然，社会分工导致社会角色的明确定义。这个类似于东方哲学里很早就出现的“三教九流”“孝悌忠义”。这个有利于人在社会里，选择有利于自己的角色，也减少自我和社会的冲突。

但担当自我，是担负不同的社会角色之外，保持自我的准确认知。不同社会角色的集合体，再加上自我的认知，成为“自我”的存在。而这种存在感，要求我们：第一，完成社会角色赋予的责任和接受社会角色必须面对的问题；第二，保持对自我的认知和担当自我的勇气。

可以说，所谓的“自我”，是“我”担负的社会角色和“自我认知”的融合体。对社会角色的焦虑，或是因为担当社会角色后“自我”的缺失，都让我们面对自己的人生时，困难重重。

To interact：

1. 如果你还有儿时的梦想或是愿望，你最想做的是什么？选择一两项尝试一下。

2. 找一个形象设计机构，设计一个你从来没有尝试的形象，将你的妆容、服饰和你的工作生活分开。

3. 尝试写出你觉得你在扮演的角色，那些你不情愿但似乎必须做的，给自己一段时间不再扮演这些角色，看是不是会变得更好？

4. 在力所能及的范围内，列出你最想享受或渴望的事情或东西，去享受和购买，你的满足感大还是负罪感大？

事实真的存在吗?

故事一:

猎人养了一只狼狗,猎人家有个小婴儿,经常和大狼狗一起玩。

一天,猎人出去打猎,让大狼狗在家照看小婴儿。可回来的时候,家里一团糟,到处是血迹,小婴儿也不见了。猎人看到,大狼狗摇着尾巴卧在床边,满嘴是血。猎人无比愤怒,明显小婴儿被大狼狗吃了,猎人拿起猎枪,抬手一枪打死了狼狗。

几乎同时,婴儿从床底下爬了出来。猎人觉得不对劲,往床下一看,看到了一只被咬死的大蟒蛇。原来狼狗为了保护婴儿,曾经和大蟒蛇搏斗——嘴上的血是大蟒蛇的血。

故事二:

阿甘是奴隶家的孩子,从小就见到父亲和母亲被鞭打呵斥,自己也很少能吃饱,衣不蔽体。阿甘很不快乐,于是问妈妈,为什么我们不快乐。

"我们很快乐啊,我们的命不好,但是我们受了那些苦,才知道太多的东西不容易,那样我们的快乐才真实。你达不到的、得不到的就不是快乐。"

阿甘长大了，只有付出之后才能得到快乐，只有经历苦难才觉得快乐真实。

有一天，奴隶主给阿甘说："你自由了。"

"我没有付出什么，那自由一定是不快乐的。自由可以带来快乐吗？"

"自由本身就是快乐的，还要问自由怎么带给你快乐吗？"

"我没有付出什么就得到的，那就不是快乐；给我的东西，给我带不来快乐，那这样的东西就是苦难。那我决定不要自由了。"

于是，阿甘继续做他的奴隶，和他的爸爸妈妈一样。

身边有很多的朋友，是皈依的佛教徒，还有一些属于似信非信或是偶尔拿佛禅的东西当谈资或是生活方式的人。于是，几乎任何时候我都被强迫地接受类似"因果""生死"的话题，总是有太多的譬喻和寓言，可以让他们随时地用"因果"来解释自己的生活。这偶尔会让我不胜其烦，于是我会用他们的方式，讲上面的故事来给他们听。

我们通常不会怀疑自己对事实不清楚，因为我们总是满脑袋天线地去获取任何有关自己的信息，以及有关自己所处环境的信息。然后把信息搜集来，进行组装和联系，一步步地确认自己确实了解事实。我们确信我们认定的事实，是唯一的，也是对自己有用的。这让我们面对结果的时候，很容易地就推导出我们认为的"因"。"因果"是让我们面对事情出现时，最为让我们心安的方法。因为我们最不能接受的是，我们每时每刻都问自己"为什么会这样"。

但或许更让我们错愕的是，我们还是会经常大呼小叫地说：“事实原来是这样。”原来社会没那么美好；原来父母没那么爱我；原来我在别人眼里是那样的；原来我……这些让我们对我们认为的事实大打折扣，甚至开始怀疑自己的记忆或是因果的推导能力。

我过去是一个笃信因果的人，也努力培养自己的敏锐观察和记忆，于是总是对自己的记忆很确定。记忆确实了，觉得再加上点逻辑，加上点社会常识，推导的因果自然是准确无误的。但有一次，我们中学同学聚会，说起一次大家都印象深刻的郊游，当我把自己认为的记忆重复了一遍后，却遭到了无穷的补充和更正。从此，我一直有点儿怀疑事实和记忆里的事实是不一样的。提起类似的问题，朋友们也多有相同的经历和疑惑。

大约从那以后，我对因果就很谨慎地谈论。其实不是因果这个问题多么值得怀疑，而是发觉，“因果”的推导是必须基于事实的，而不是基于记忆里的事实的。而且一件事物的开始，也仅仅是个开始，后边的结果，多少还是被过程中的一点一滴所影响和左右。

如这个猎人，他的因果是瞬间的，跟事实一点儿关系没有，他把能得到的信息，瞬间在脑袋里就转化成了他认为的事实。他的常识一点儿都没有错，但就是和事实没关系。而阿甘，他被教育得逻辑清晰，因果似乎也很必然。但是只要逻辑和因果是错的，他面对的就一定是错误的事实。

我的一个学生，怀揣梦想，从边远的县城来城市打拼。

他有较好的绘画天赋，漫画画得一级棒。他的梦想是成为一个独立的漫画家，出书，在这个城市立足。他画了很多的漫画给我，他对城市的孤独理解得很到位，在画里能很好地体现。淡淡的渴望，深深的孤独，没有明亮的颜色，被各类深浅不一、亮度不一的灰色所涂抹着。

他的梦想是让他坚持打拼的力量，于是他看到的事实就和我看到的不一样了。他会觉得这个社会阻止他的梦想实现，他每天是为了活下去在拼命，他的天赋快被自己糟蹋尽了。每天的文案、插图、平面设计什么的，在一点点消耗他的天赋，他甚至开始厌恶画笔和漫画。

他被周边对他天赋的夸奖和大家对他工作能力的不满，完全搞糊涂了。然后就误读了现实，他会把中上的天赋构建成可以傲视同道的天赋，而把现实的一些要求，构建成世界对他的不公平和压迫。而事实，在我看来，他有天赋，但天赋并没有被他好好珍惜，因为他并没有因为天赋去更加努力地学习和练习；而另一方面，因为这个天赋，他希望别人对他另眼看待，然后给予他更多的关注和让他多干自己擅长的事情，而不是做他应该做的事情。

我觉得他是因为掌握不了现实，所以热衷于掌握自己能掌控的东西。于是，他的事实——脑袋里、心里认定的事实，其实压根儿就不是事实。他采集的信息是自己愿意接收的信息，他的逻辑是建立在夸大自己天赋的基础上，他的常识是那些艺术家得到尊重的常识，而不是一个一文不名的画家生活应该是多么困顿的常识。当真正的事实已经不存在的时候，他的生活工作也就一团糟。

他后边辗转了几个公司，在他30岁的时候，终于承认自己的天赋已经被自己消耗完毕，不得不彻底放弃了梦想。只是，在一次次给我谈论因果的时候，依旧会把原因归结于这个世界，依然会把很多事情的联系和互相作用，靠着自己的臆想去搭建和描述。

可能是遗传吧，他的孩子很有绘画的天赋。随意的涂抹，也像模像样，色彩和构图都不错。但他决定不为此做什么努力，因为他觉得这个世界本身是扼杀天赋的，而且因为拥有天赋而造成的梦想，会让人无法在社会上生活得很好。

我很愕然，他已经把自己以为的事实，传递到了下一代。

这就是我们最常见的人生，以为获得了事实，以为我们的逻辑和常识没有错误，以为我们的信息很完备也很充实，但最终的结果却是事实不存在了。而因为基于我们自认为的事实，反而让我们的人生过得磕磕绊绊。

这里面的原因无非是我们对真实信息的曲解，对信息之间联系的想当然，因为不能掌控的东西太多，反而夸大了我们能掌控东西的力量。怀疑自己的记忆或是能力，随着我们的成长，我们却越不能认识到这一点的重要性。我们谈论最多的“因果”，其实是对事实的自我篡改。事实到底存在不存在，或者我们认为的事实到底存在不存在，才是我们应该努力质疑的。

当我们明白，因为我们依靠我们自己搜集的信息，我们自己的记忆，我们依靠的逻辑，我们的常识，一样会得不到事实的时候，那还有真相存在吗？

你刻意隐瞒了多少真相？

静心过程里有个环节叫“真相”，就是组员对自己的人生经历，摘取一件事情，尽可能地讲出自己认为的事实。然后其他的组员，在这个基础上探究这个事实的真相。我很喜欢这个环节，经常参与进去，让自己对自己有更清晰的认识，让自己也能随时地惊呼，自己的过去“原来如此”。

年轻的时候，自己总是被人定义为“面冷”，说好听了是恃才傲物，说难听的就是不易接近。年轻没什么事情，大把的空闲时间，经常和同事们晚上去喝酒聊天，或是酒吧、KTV 什么的。年轻人总是很能闹，自己也很放松，大家一方面会说，想不到我还能这么疯，这么有趣；另一方面，无非是慨叹年轻人放得开，一代更比一代强。

但是问题也出来了，几乎每次狂欢到凌晨或通宵之后，上班的时候，总不免遇到昨夜一起玩的同事。然后就有同事奇怪，面对面走过去，我面无表情，连招呼都不打。曾经有个同事问我，昨天的你和今天的你是不是一个人啊？那时候我是拿着习惯说事，解释说，因为我每天起床到刚上班的时间里，我自己是脑袋糊涂的，慢半拍、痴呆状。也不管别人的将信将疑，一直拿着这个借口我行我素。

及至再大些，和朋友们回想起这个事情，大家依旧对我蛮好奇。再问起来，因为之前也知道自己纯属搪塞，所以终于承认是性格问题。就是自己觉得，没什么事情没必要打个招呼什么的，不是没有看见，是觉得没什么必要。大家都忙，昨天大家玩得很好，那就好了，已经让你看到真实的自己，你也就了解我是什么样的人了，没必要随时随地都那么客套。

在静心小组的“真相”环节，我拿出这个事情来分享。原先想，只是把经验拿出来而已，让大家明白事实和以为的事实之间的差距。但结果却是让我大跌眼镜，开始怀疑自己又隐藏了多少事实和真相。

“德鲁伊，你的性格是在变化的，还是很早就确立的呢？”

“你觉得是你的性格问题，会不会拿着性格说事儿呢？”

“你曾经说过性格是个造就的过程，那你拿着性格说事时候的性格，和当时的性格是一样的吗？”

“告诉你他觉得不舒服的是每一个人吗？还是更多的人并没有说出来？那你这样的解释可以说服这个人，那其他的人呢？”

“会不会既不是身体习惯，也不是性格问题，是你不知道怎么和人交流，自己的问题啊……”

“可以了，可以了……”我最后决定暂停了这个话题。

其实我已经越来越接近真相，而这个真相竟然是那些旁观者和对事情不了解的人给予我的。我的真相应该是：那时候，我刚刚踏入社会，搞不清如何在职场、生活、同事、朋友之间自如变换。当作朋友的时候我可以随便疯，当作同事的时候我不懂得如何转换回来，如何寒暄。说到底，是因为胆怯反而扮演出一副桀骜不驯的样子。我对所谓客套和礼仪的轻视，觉得那些东西让我不舒服，不是我有多真诚和真实，相反是我比他们更虚伪地掩饰自己的性格缺失。

这样的真相让我有点儿焦虑，也就是说，所谓我了解的事实，也仅仅是我能获取的最有限的事实。而更加有意思的是，在相当长的一段时间里，我在有意识地隐瞒真相。克里希那穆提（Krishnamurti）说："时间意味着对昨日的经验、自己的家人、自己的长相和性格的记忆，所谓的'我'便是由这些东西所构成的。""我们的心很难接受事实，我们永远都在诠释，并且总是按照自己的偏见、制约、希望、恐惧等，去赋予它一些意义。""我们不断地逃避真相，不断地修正它和改变它。"

这或许仅仅是很小的事情，对于每个人来说，都会在新环境变化，自己的成长过程里不停地遇见类似的事情。但让人纠结的是，正是这些一次次地对事实的了解不全，再加上自己对所谓的真相不停地涂改和扭曲，最终影响到的不是别人，而是自己，也错失了改正的机会。自己的性格或是自己定义的自我，都在一次次地隐瞒真相后变得奇怪而稍显扭曲。

看我们的周边，这样的情况很常见：年轻人说我不适合这个行业或这个环境，真相是自己无法融入；老师们说孩子不是可造之才，仅仅是因为自己没有合适的教育方法；父母们把孩子交给各类教育机构，只是因为自己不愿意去学习和与孩子共同成长；老板们永远在怀疑员工不尽力，真相是自己不懂得绩效管理和自己对事业也不够全力付出；恋人们互相猜忌和互相要求，真相不是爱对方，而是计较付出的是否有自己想要的回报……

有一个电视节目，叫《原来如此》，收视率不错。大约讲的是，各种我们不知道的事实过程和结果，还有一些原因的探讨。印象深刻的是，准备揭示结果时，主持人一定会说的话是：“事实是这样的吗？让我们来为你揭示真相……”节目终了，一个睿智大叔，深邃的眼眸，紧盯着摄像头，催眠般地说：“真相永远存在于事实里，只是藏在你不了解的事实里。”无非是说，第一你认为的事实不是事实，第二真相总是掩藏在你不知道的事实里。这让人兴趣盎然，也让人对事实和真相有了新的理解。

“原来如此”其实是告诉你，事实的真相本来就如此，之前你自己认为的真相，根本就是一种隐瞒和诠释，我们把事实先有选择地摘选，然后利用自己的头脑去解释和联系。事实本来是结果的展现，但我们把它们之间联系起来，事实就变成了一种故事。当我们对故事再添加自己的解释，变得更容易让自己接受，然后真相就消失了。我们隐瞒真相的同时，却还努力信誓旦旦地寻找真相。

这让我想起一个故事：

一个编辑在给作者写退稿信。

“阁下之著作，语言风格奇趣，故事完整，有大家遗韵。且于这个世界大有裨益，惟善深思人生、懂得世界之人方得此作，堪称文学界之扛鼎力作。

但抱歉地通知您，您的作品我出版社因自身原因，尚不足以出版类似巨著，请原谅我们的能力不足和卑微怯懦。”

总编走过来，在背后看了一会儿，拿起笔，把所有的话都画掉，大笔一挥：“抱歉，不行。”

拿着昨天的地图寻找明天的宝藏?

很显然，我们面对的事实其实是被我们曲解过、筛选过的，真相是被我们刻意隐瞒了的。由此，我们会变得惶恐不安，因为自己的记忆变得越来越模糊和不确定。那我们又如何认识我们的人生，认识我们自己呢?

Chime是我认识的朋友里，生活最为规律、时间最为严谨的人，堪称效率专家和时间管理的典范。我很多的现场管理和时间管理方法，得益于他的培训和教导。在我学习如何有效利用时间、对自我日常生活工作管理方面，我一直很感谢他的帮助。

Chime最令我印象深刻的是，他随身的记事本，据说是学习德国工程师的做事风格。一般内容都会记录，什么时间做了什么事情、签署了什么内容的文件，好的想法，未来的时间计划，会议的简短想法，等等，只要是问题都会随时地记录。然后每天也会很好地审视自己一天的功效，该正式誊写到电脑或日记本的，也会做相关的总结和后续工作，他的生活和工作如自鸣钟般的准确和完美。

樱花在门前热情喧闹的时候，他却懊恼地坐在我的面前诉苦。

大致是曾经引以为傲、都是自己心血的方法，却在现在的生活工作里变成了“昨天的成功是今天的失败”。原先总结归纳出的、流程化的、行之有效的方法，待人接物也好、做事做工作也好、面对婚姻家庭也好，曾经屡试不爽的那些方法，在今天却总是让自己收获挫败感。不是计划的东西变化了，就是之前有效的很多方法不适应现在的情况，Chime为此头痛不已，开始怀疑自己自鸣钟般的精确生活，是不是压根儿就是错误的。自己的时间和这个世界的时间永远不合拍似的，不仅是不合拍，而且是混乱。他沮丧地说：“有一只表我还知道时间。现在似乎有了两个表，我却彻底不知道准确时间了。”

据说，人类除了获取知识的能力之外，最重要的能力是归纳总结。我们对我们的过往，认真地分析总结，归纳提炼出无穷的方法和因果的逻辑推导，我们似乎满身装备了解决问题的武器，随时随地我们都能解决一切问题。但现实总是很喜欢给我们装扮戏剧里的小丑，总是让我们哭笑不得，也总是让我们自己被自己戏弄了。世界最大的职责，似乎是用来告诉我们，世界一定不是我们想象的模样，而且不管你多么善于总结归纳，你总是会收获意想不到的结果。

是我们的方法不对？通常我们的方法不是一蹴而就的，都是经过归纳总结、反复验证的结果，我们才把他们当作我们面对人生的方法。而一旦成为方法，我们通常都会重复使用，但凡合适的场合和时机，或是我们认为差不多的情况，我们都会忙不迭地开始使用这些方法，然后我们就收获失败或是挫败。大多数原因是，方法本身是对的，只是我们用错了地方。我们不是在未来寻找宝藏，而是把自己的过去当作了宝藏或是指导未来的地图，在自己的过去里考古。

Chime 如机械工程师般的对待自己的生活，归纳总结自己的过去，将过去的记忆分类总结。看似保证了事实的准确、人生的精准，但是却把自己的人生坐标停留在了过去，也把世界的改变忽略了。

“世界上唯一不变的，就是世界在无休止地改变。”事实存在，真相存在，但也只是这一刻的事实和这一刻的真相。东方哲学里，孔子很是推崇“君子”的概念，而君子概念里，有一条“不贰过”，就是同样的错误我们不能犯第二次。抛开个人的性格或是素质原因造成的，在同一个地方屡次犯错，其中的大多数，应该讲的就是因为没有考虑世界的变化，拿着过去的成功失败，推导明天的计划时造成的。

我们经常看到，父母教育孩子，当初我们是怎么怎么样的，如今你应该怎么怎么样；也会见到，一次偶然的成功，成为我们复制成功最大的理由，在无限的复制里最后收获失败；还有很多的成功学，年轻人趋之若鹜，似乎有了人生规划和成功学范本就一定能得到人生的成功；我们的爱情，也经常会遇到有人说“一般我这样这样做，一般他就应该那样那样做”，如果不是，就开始怀疑爱情、怀疑是不是爱情……Chime 不过是其中的一员罢了。

王尔德对自己作品的一次演出评价：“喜剧非常成功，但是观众很失败。”我们也同样地依靠曾经的过去，以为能得到确认的未来，同样是剧本很成功，演出很卖力，却被世界所否定。

佛教徒们总是津津乐道当下的佛法。佛开释信徒们的故事最多的都是当下或是拈花一笑。里面有两个小故事，总让我能随时地明白应该如何面对过去和未来的关系。

华严法师圆寂了，过了不久，有信徒问华严法师的徒弟，“华严法师最大的功绩是什么？”

“他此刻做的事情。”

“那华严法师做过最重要的事情是什么呢？”

“他此刻做的事情。”

一个国王给两个罪犯一个自由的机会，在两个峡谷间有一道绳索，谁能安全地走过去就可以自由。

一个人有惊无险地走了过去，第二个人对着他大喊：“你一定要告诉我你的方法，是如何才能走过去的？”

第一个人回答道：“我怎么会知道什么方法？我只知道：我往一边偏了，就赶紧向另一边偏一点儿。”

我们从孩童时期，就被灌输各类的知识，本应该学会如何对知识的有效利用，学习如何面对新知识的方法。但我们的知识被教育成了方法，所以我们习惯于拿着既定的知识去面对新的变化。这是教育的问题，也是成长的问题。正是基于此，我们在决定担当我们的人生时，需要更多地去了解真相。

我们自以为的事实，总是会让我们不由自主地建立只属于自己的真相。而这样的真相，其实是我们故意隐藏过的、涂改过的。也最终导致我们拿着过去的地图寻找明天的宝藏。

当你决定担当你的人生时，就需要了解你不曾了解的事实，不

强加给事实你自己的理解或是杜撰，也不按照自己的意志去将事实建立联系。当你不再解释真相、诠释真相的时候，你会明白这一刻的才是真相。当明白真相是这一刻的，下一刻的真相会出现新的变化时，那这样的人生，才有价值，也才有成功的可能。

我们通常会以为我们充分了解事实，并努力依靠过去的知识去给事实逻辑推理，或是寻找因果。但其实，我们依靠的有限的知识是过去的记忆或是学来的知识，我们也就会随意地生造出事物的因果联系，或是逻辑关系。

但当我们不单纯站在自己的角度去考虑事物时，我们经常会发现我们的事实有遗漏或是涂改，我们总结的因果类似于臆想，我们的逻辑看似清晰，其实因为事实的不清楚、不全面，造成我们总结的因果和逻辑根本就不成立。

而真相是隐藏在没有因果关系，没有逻辑推理，更客观、更全面的事实里的。而要了解真相，首先要让“我”“我认为”等基于自我的认识显露出来并摒弃掉这些，尽量客观地去了解当下发生的事情。

To interact：

1.你赖以自傲的能力，你确认是在这个社会上对比也是很优秀的吗？如果是，你充分发挥了吗？如果不是，你是把它当作了爱好还是谋生的手段？

2.真相通常隐藏在你不愿意承认的内心里，那你最近的一次挫败感，除了之前你了解的所谓的事实或因果，有没有你内心的问题？你能分清记忆、事实、真相的差异吗？

3. 对于昨天的总结，最多提供给你解决事情的思路，既不是方法也不是流程，那最近一次让你大跌眼镜的事情是什么，里面有多少因素根本就是你拿着过去的方法面对现在的问题？

孩童时种下的暗黑种子

春天的时候，静修班通常人不多，这样我有更多的时间去和春天进行信息交流。春天在很多人眼里是顺理成章或是瞬间来到的，特别是在四季分明的北方，其实未必。

枫树的叶子，不会彻底在冬天掉落干净，于是春天新芽冒头的时候，还是可以偶尔看到孤零零的枯叶。草地上浮出头的绿色，多多少少要靠着一场春雨将那些去年的黄叶变成烂软的泥土，才可以看得到青绿和翠生。但凡是有水的地方或是植物发芽的地方，总是隐隐地笼罩着一层晕染的光芒，这或许就是生命的光亮和植物的灵魂。

我看到了一则新闻：

统计显示，70% 有童年受虐经历的人在成人后会反过来虐待孩子。而成年人教育孩子的方式，60% 是学习自己的父母、家庭。孩子在 7 ~ 14 岁，决定了孩子的阅读能力和数据能力。而且在这个阶段如果父母离婚，孩子通常会将责任归结到自己身上，未来对婚姻和爱情都持悲观态度。

而家庭内的虐待除了暴力虐待之外，也有冷暴力和对孩子的忽视、嘲笑等等。通常，这些孩童时期的心理阴影会伴随人的一生，只有那些有意识进行自我调节和重新心灵构建的人，才能较好地解决这个问题。

这则新闻让我出了一身冷汗，毕竟我也是一个父亲，这也让我想起了 Shadow。

Shadow 是静修群里出席最多的人，特别在静修班结课后，她还会报取第二次的静修课程，从头再来。她一直是每届静修班最受欢迎的人，因为静修内容里，要求彼此对自己内心最不可逾越和最不愿提及的事情进行倾诉、分享，本来是一种放松，但很多学员还是张不开口。把内心准备遗忘或是准备彻底掩埋的东西拿出来讲，对于成年人是蛮难的事情。但静修班会根据不同的情况制订后续的课程，所以这个环节又必须。组织者把自己的事情说了成百上千遍，通常学员会有抗拒感。而 Shadow 不一样，每次都会真情实感地讲述自己的人生，大家也都因为她的存在，可以开始小心翼翼地尝试说出自己的问题。就因为这个原因，我一直默许她一次次地继续参加。

Shadow 很早就进入了社会，她的生活在我看来就两段，父母离婚前和离婚后。Shadow 的爸爸是一个高级技师，还有点儿音乐的小才情，她妈妈是个喜好文艺的多情女人。技师的傲气和文艺的多感，最终是她母亲出轨，父亲崩溃，在家庭暴力之后，父母选择了离婚。

Shadow 和弟弟曾经有那么一个月，没有人照顾，只能在周边邻居家借宿，Shadow 那时候 13 岁。自此之后，不管是自己的生活和女孩子应该如何成长，都成了自己的事情。而且吃穿用度瞬间也就跌入低谷，她草草完成技能学校学业就去南方闯荡。并靠着自己的第一桶金俘获了男友，有了自己的家庭事业。然后在吃穿不愁的时候，觉得人生没了意义。尝试了很多爱好之后，倒是成了静修班的常客。

定期我会和她做一对一的辅导，用来调节她每次在小组倾诉时的美化情节。这个春天，让她一直愧疚的事情是她儿子的身高，她儿子的身高比她丈夫还低，而且医生告知，已经错过了医疗干预的时机，在成年后也就不到一米七。在一对一心理干预时，她哭得很厉害，一直念叨，当时工作有多忙，那时候和丈夫关系紧张，本身一直担忧和记得的事情，却被忽略了。

“我犯了这辈子最不可饶恕的错误，我儿子的身高连他爸爸都不如。他爸爸就不高，以后他怎么面对生活啊……”

“身高决定了他能否幸福吗？”

“身高决定不了啊，但为什么可以避免的事情，我却忘了呢？我那么拼命地工作，对他爸爸那么忍辱负重，为什么这一点儿事情我都忘了呢？”

“这个不是你自责的事情，跟你关系不大吧。”

“怎么跟我关系不大呢，我是他妈妈应该知道啊……”

她痛苦的表情和停不住的眼泪，配着呜咽，让春天的下午很寒冷。

“我看其实是，你现在还没有走出你父母离婚造成的阴影，你一方面努力让自己的孩子避免面对自己有可能离婚的事情，努力给他最好的生活；另一方面，你又在让他经历你曾经经历的没人管的日子……”

“你说得不对，我父母离婚和我没关系，是他们的事情。我也证明了，没有他们我也可以活得很好，我还依然孝顺他们，我的孩子我才不让他过我曾经的生活呢……”

Shadow 如我们周边的很多人一样，我们在童年或是少年时期，经历了很多当时我们没有办法承受的事情，然后爱你、不爱你的人，都没有告诉你为什么会这样，比如面对家庭的分崩离析、夫妻反目、生离死别等等。我们要么把这些认定为我们命里注定要承受的，于是在教育下一代的时候依葫芦画瓢，让他们也经受一下；要么就混杂着自责，似乎这样的事情是因为自己的原因才造成的。

Shadow 儿子在需要注意身高的年纪，正是 Shadow 父母离婚相仿的时候，那时候 Shadow 自己也正处于无依无靠的年纪。在这个年纪里，Shadow 潜意识里选择的是封闭自己，对外界的事物不管不顾，忽略了孩子的需求。虽然并没有离婚造成孩子的心理创伤，但 Shadow 的行为已经让孩子感受到另一种的忽视和抛弃。

而孩子的身高，其实和很多因素相关。Shadow 之所以自责，其实内心里至今没有搞清楚父母为什么离婚，而且离婚让她觉得父母不爱自己了，甚至臆想是不是自己不好才造成父母的离婚。于是，她对婚姻维持比对生活美好更为在意，她刻意地让自己的婚姻，更多的是维系一种形式上的存在。她不在意婚姻里面的人是否幸福或是拥有自己的生活，而是需要婚姻这个形式的存在。

她认为只有这样，才是证明自己曾经没有错误，也以此来证明自己的人生价值。

Shadow 其实已经不能从青少年时的阴影里走出来了，因为每一次她面对现在的、当下的事情，她潜意识里一定有一个过去的事物做对比，也必须跟过去曾经给予她伤痛的事情背道而驰才行。她努力做的一切事情，不是当下应该怎么做，而是跟过去有什么不同。但是内心却又一直被少年时的经历影响，用看似不一样的方式重复了自己少年时的事情。

初春的第二堂课，Shadow 被我停了课程。她越来越在倾诉环节进行变造，越来越有感情，也越来越琐碎和细致。人生已经被她描绘得是一场计划详细的时间表、效用图表。这让其他的学员有点儿怀疑自己的人生，也让倾诉变成了一场演讲。

后边我还与 Shadow 做了一两次一对一的交谈，越发觉得，**青少年时期的经历的困惑，在青少年时没有所爱的人或是爱你的人给你合理解释，在成年后就是一场挥之不去的噩梦。而这种青少年时期的暗黑幽灵，会一直左右着你的生活，特别是你笃定认为自己做了抗争而且成功之后，更是隐藏在你的内心，成为决定人生明暗的开关，随时让你变得黑暗。**

送 Shadow 离开的时候，我心不在焉地听着她的埋怨，却关注着庭院里初春的植物。植物会在每一年除旧迎新、新陈代谢，但人总是让曾经的经历不停地戕害自己，或者不自主地去戕害自己的孩子。Shadow 让我们看到，青少年时期的经历是如何篡改和影响一个人一生的。

那我对我的儿子又应该如何呢？这让我想起德·梅勒讲的一个故事：

年轻的拉比继承了父亲的事业，所有人都告诉他，他和他父亲是多么不同。

“恰恰相反。”年轻的拉比回答，“我和父辈完全一样，他不模仿任何人，我也不模仿任何人。”

解决问题最好的时刻是现在

我组建过很多的阅读小组，不是那种选定书籍、撰写评论，然后再彼此探讨的读书小组，而是那种不太拘泥于形式的阅读小组。阅读小组定期会分享各自的读书目录，并将大家的书目进行分类，比较数量和质量什么的。这有点儿像商人，炫耀看谁的现金流大、购入的商品多。阅读小组也会比较大家看书的种类不同，类似商人看商品的品质或是商品价值。大家的知识点和涉猎面也宽广了许多，增加了自省和学习的机会。

通常，为了避免被别人指摘读书品位不高，总有人会有意识地在书目里增加些艰涩的作品。那天很高兴的是，于 Zen 的书目里，发现了净慧法师的《生活禅》，还有艾兹拉·贝达的《平常禅》，刚好也是我近期在读的。顺便看看 Zen 的其他书目，几本鸡汤书籍，两三本成功励志。

Zen 是个中规中矩的年轻人，不是什么名校毕业，在大学里却也算是社团领袖。毕业依靠自身的能力，在这个城市也站稳了脚跟。生活对 Zen 来说，虽谈不上轻松愉悦，但同样生活也是压不垮他的，因为他有足够的能力获取还不赖的生活。而且他也在不停地做知识储备和能力训练，“只比社会快一点点”，一直是他努力的方向，甚至是人生的座右铭。

Zen 一直没有放弃过学习，总是在不停地学习各类专业知识和为人处世之道。可惜的是，学得越多，越迷惘似的。也恰恰验证了那句名言："你知道得越多，你不知道的就越多。"他的书单完整地反映了他的困惑，鸡汤来安慰心灵，励志来激励自己，直到了鸡汤和成功学都不能让自己更舒服的时候，就需要来点禅宗什么的。

禅宗算得上佛教在中国最大的成就之一，融合了儒释道。据说每一个中国人都懂得"以儒应外，以道养内，以禅养心"，及至王阳明的"心学"，多多少少也掺杂了一些禅宗的影子，中国文化里熔融的能力也得到最大的体现。最流行的"新儒家"，除了重新充满自信地扛起中国文化复兴的大旗之外，也多多少少地受了禅宗的影响，将对生活的态度、对物质的态度、对自我的态度，做了部分借鉴。

"《平常禅》《生活禅》都看了吗？"

"都看完了，心静了好多。"

"禅从玄而又玄的顿悟，到如今与生活的相融，这两本书真的讲得蛮清晰，那你又如何看待生活的当下呢？或者说当下的生活。"

"生活本身就是一种修行，正是我们把生活只单纯地看作生活，所以才出现无数的问题；如果能把人生看作是点滴的修行，随时的修行，那人生就会相对清明得多。没有什么当下，修行的状态就是当下。"

"你不是我的上师，你不要给我开悟，打机锋你未必比我强。

说现实的东西，别飘呀飘的。”Zen 一看就是读书不消化，飘忽得很，落不下来了。

“哦，哦，哦……”他被噎住似的缓了几口气，“比如吧，我们经常会对重复的工作厌倦，为什么又是这个，为什么又是我，但当你把当下的生活当作修行、当作唯一，那这个所谓的重复工作是不存在的。每一次都不同，每一次都是新的，这样你就是活在当下的，也就不会把所谓的重复工作当作问题。现在老板给我很多的工作，过去会觉得无聊或是应付，现在就不了。”

“继续……”有点儿意思了。

“再比如，生活是个持续不断的过程，虽然我们有意识地遗忘一些东西，或是把他们分成一个个的阶段，但其实人生一直是持续的没有间隔的。那些不理会过去，不理会未来的，不是当下，其实是一种逃避。比如我必须对我的过去承担我的责任，而我的希望是今天做了什么，明天准备做什么。举个例子，比如说我要承认我不是名牌大学的，过去的履历也谈不上辉煌，那我就不能在这儿幻想我未来和现在应该是什么模样，而是我能做到什么样子。过去我老是埋怨这个社会不给我机会，自己运气不好，现在我不了。我在创造自己的运气，觉得这个世界还蛮可爱的。”

“继续……”按照禅宗的说法，你还能喋喋不休，就是还没有悟到，我要让 Zen 彻底地无语才行。

“让我想想……”Zen 歪头思索了一下，“所谓的问题，是今天的你没有看待问题和解决问题的能力罢了。人要么把问题不当问题，去躲避或是视而不见；要么把问题看得大到无法解决，说到底，还是自己对人生手足无措。问题总是会出现，也总是会在你意想不到的时候，以你最意想不到的方式出现，你唯一能做的就是正视问题，了解自己的能力和位置，需要借助什么样的力量，学习什么样的知识和方法，这些本身就是修行了啊。前一段时间，我女友和我闹别扭，我一直觉得是生活里正常的，后来静心想想，才明白，她觉得应该到谈婚论嫁了，但我们的现实似乎又不够迎接婚姻，我和她认真地对自己的现在和现在可能导致的未来分析了一下，定了个一年目标，然后我求婚了。虽然她的父母有点儿嫌我这嫌我那的，但因为我重视了她，让她感觉到了爱和担当，现在起码我们在为婚姻努力。”

“继续，还没到你的最深处……”我喜欢扒皮见骨。

“我们最怕生活的问题，但是生活就是不停地在给你出各类的难题。其实新的问题倒不是多么吓人。因为过去逃避问题产生的新问题，因为过去把问题不当问题而发酵的大问题，因为急于抛弃过去造成的问题，因为只是渴望未来而产生的对现实的不满，这些，才是生活最大的问题。过去，我最擅长拖延，以为时间会解决一切，现在明白时间绝对会解决一切，但是是解决掉解决问题的机会，而不是解决问题。过去觉得我要依靠我的特长去闯荡人生，现在明白要靠变得有趣而敏锐，也就是综合的能力。人真正的能力是面对未知的能力而不是面对已知的能力。我也不像过去那么对自己的过去难以启齿，也少了很多的后悔，也就平静多了。”

“那最后，你要说的是什么呢？”

“没有所谓的当下，只有你解决问题的勇气。解决问题最好的时刻是当下。”

Zen 书没有白读，因为他已经把知识转化为行动，变成了方法，最终变成了自己生活的方式。

“谨慎选择你的敌人，因为敌人就是你自己。”这句话同样适用于我们的人生。在我们的人生经历里，过去是个挥之不去的话题，我们总是会把问题推给自己过去的经历，然后问题出现，于是我们选择逃避或是无视，甚至推给这个世界或是其他人。比如，因为家庭环境不好，所以我现在很困苦，得不到家庭的资助还需要付出；因为过去的学校不好，所以我不能有扎实的知识和较好的机会，所以我现在不成功；因为我的爱人总是要这要那，根本就不是爱情，所以世间就不存在爱；因为我的公司和老板目光短浅，没有发现我的才干，所以我只能干无聊的事情；因为这个世界爱钱爱成功，我的实力和能力都没问题，就是没有机会……但我们很少去想，问题的出现，唯一对我们有用的就是解决问题，其他的似乎都应该与我们无关。

属于你的真的属于你吗？

Shadow在仲春时节，被检查出了轻微的焦虑症。症状很简单，一是手会不由自主地轻微颤抖；再就是一个小的问题她会纠结一整个晚上。音乐运动对她只有瞬间的改善，而对那些我们几乎认为肯定不存在的危机或是小概率事件，她却几乎是在不停地担心。

Shadow对自我的界定几乎到了让人惊诧的地步，她经常会说道："我的东西是我的，你不要动我的；你的东西我也不羡慕。"这个多少和父母离婚时对她的影响有关，离婚涉及的分家、分东西、分财产什么的她都是亲历者。原先属于大家的东西，分家后不属于她了；属于她的东西，很明确地属于她。包括自己的弟弟、父母、亲戚等。这让少年的她很困惑，于是导致她后来，连对人都有物化的倾向。在我看来，她的丈夫、孩子对她来讲是属于她的某一样东西，而不是一个个活生生的人。

她几乎随时随地地会界定自己的势力范围，也会给周边昭示什么是属于她的，什么是不属于她的。一般来说，这样的女人在生活里大家是喜欢的，她不占你的小便宜，你也别想占她的。她对她的东西很珍惜，只有在彻底不喜欢的时候才抛弃，抛弃的时候也义无反顾，很是果断。对于模棱两可的东西，包括有其他人同时参与的东西，她也会梳理得很清晰。她对自己的人生、生活、事业、钱财、东西都界定得很清楚，不奢望什么，也不纠结什么。外界看来，是很强势的女人，总在各类的场合展示出自己的掌控力和自制力。

但问题来了，因为对自己势力范围的确定，因为自己对包括丈夫在内的家庭成员的物化，她越来越感觉掌控力在消失。当他们的企业在发展、增加新的业务范围、生活里出现新的朋友时，她觉得自己都在被侵犯，觉得自己都在被边缘化。于是开始焦虑，自己的自我界定也开始模糊，觉得自己没本事，觉得丈夫在逃离，觉得新增加进来的人对自己都有敌意。因为这些表现，她的生活也就乱了，她每一次对自我的界定都造成新的混乱。她开始埋怨丈夫，甚至拒绝公司的发展，甚至都有点儿恶意地希望公司出点事情，好让她能重新掌控大局。

当她的一切努力没有奏效的时候，她就显示出焦虑症的症状，缓解自己压力的方法竟然是决心扔下一切不管，逃离这个环境。Shadow 尝试了一段时间的自我封闭，却发现周遭环境根本不在意她是否存在，她更加觉得整个环境对她都是恶意的，就又重新如战神般的归来，重新夺回权力，把自己的气场用到了极致。

Shadow 来找我聊的时候，宝蓝色的限量款香奈儿包，紫色的外套，宝蓝色的裤装，麻色的衬衣，丝巾松松地系着，随着轻快的步子飞扬着。妆容得体，顾盼自如。她似乎又回到了初始的状态，自信而充满光芒。

坐在我对面时，我感觉出来 Shadow 的正襟危坐和刻意，就开玩笑说别绷着了，闭目数数呼吸，让肌肉都松弛下来。然后就看到截然相反的Shadow，整个身体包括精神都委顿下去了，这多少也让我看到了Shadow现在实际的状况。

我指出她的焦虑来自于对自我界定的模糊，当她把一切东西包括人，包括自己和这个环境的关系，都界定为自己拥有的东西时，她自然而然地充满焦虑。而这种自我界定，来自于她小时候对东西的理解，对自我的理解，对拥有的理解。当她认为保护属于自己的东西，必须先界定这个东西是否属于自我时，却忘了这个世界的存在，不是某样东西的存在，而是你和这些东西、这些人的互动关系的存在。

她却依然坚信她没有什么错误。她对世界没有敌意，但只要谁动了她的奶酪，她就会反击。就算是她的东西，如果被认定不属于她了，她也不会轻易放手；就算放手，放手前也会毁了这个东西；如果认定是她的了，那就永远属于她，谁也别想拿走。至于自己怎么对待这些东西，只要她觉得是为了这些东西好或是为了这些人好就行。

我说你这么强势地硬绷着、努着，你不焦虑谁焦虑呢？

Shadow反而觉得，只有这些焦虑才让她明白，属于她的东西是什么，不属于她的东西是什么，即将属于她的或是即将不属于她的、可能属于她的东西是什么。这样她才能更好地活下去。

Shadow我不指望她会有什么改变，因为她把自己界定得很清晰，虽然是错的。她的焦虑会一直伴着她，苦的只是Shadow的丈夫、孩子和他们的公司。只是临走时我跟她分享了爱比克泰德(Epictetus)的一段话："你一定要以这种方式提醒自己，你的那个人是凡人，你爱的东西不属于你；你只是暂时拥有它们，并非不可割舍，并非永远拥有，你只能像享有一年中按时令收获的无花果或是一串葡萄那样拥有它们。……就像严冬导致无花果枯萎一样，宇宙中发生的每一件事情都会导致相应的事物毁灭，而这正是事物的本质。”

问题来了，我们周边还有很多的人对自我界定毫无概念，既不明白自己在环境里的地位，也不明白自己在自己人生里的阶段，也不明白属于自己的是什么。更不明白，自己可以和环境互动什么，压根儿就没有正确的自我界定，只有等这个世界剥夺了他（她）的东西之后，或是自己把属于自己的东西毁了之后，才收获无限的悲伤和后悔。

这在旁观者看来一定属于最自私的人。Shadow 不用说，只会为属于自己的东西上心；而另一个极端，看似无私到不知道什么东西是自己的，但每一次失去点东西，都会觉得这个世界亏欠自己。为什么这么自私的人，会做出这些伤害自己的事情呢？

我们从孩童时期就被清晰地教育，什么是属于我们的，什么不是属于我们的，却没有被教育到这个世界其实是由东西的流动和互动组成的。当周遭的环境和东西改变的时候，我们第一时间做的也是重新界定自己的势力范围和属于自己的东西。正是这样，我们一次次地创造出自我的界定和世界的隔阂和差异，也一次次因为这样的差异和隔阂，让我们纠结。

如果 Shadow 明白，她的丈夫是婚姻里的对方，是家庭的一员，婚姻家庭本身是个互动和随时改变的过程；如果她明白，公司总是要发展，就算不发展，内部的人员也会随时地流动和改变；如果她明白，除了属于自己的东西，其实我们和外界在共同拥有某个环境或是分享某些东西，或许她也不会这么焦虑。

而我们周边那些似乎彻底搞不清什么是属于自己的人，如果明白付出才能有所收获；你的东西你不珍惜，别人自然不珍惜；在自我没搞明白自己在环境里的地位和势力时，不去做我力所不能及的事情，或许也是自我界定的开始。

而只有自我界定清晰，才能明确自己的人生，才能得到人生的平衡和幸福。

有一个简单判断自己是否焦虑和忧郁的测试，值得每个人关注：

1. 自认为与其他人不一样。

2. 认为只要下了决心，什么事都能成功。一直沉浸于妄想的自己。

3. 觉得自己内心有很深的伤，认为自己比别人不幸，认为世界不公平。

4. 在异性面前会变得特别虚荣，却觉得谁都理解不了自己的各类网站的评论狂人。

5. 在比自己弱小的人面前虚张声势，在比自己强大的人面前谦逊。

6. 自言自语，以为自己的故事完全可以写成小说。

7. 什么事都往消极方面想，总是板着一张脸且心不在焉。

8. 对于网络上正能量的东西怀疑甚至是嗤之以鼻，却对阴暗的事情趋之若鹜特别关心，经常在网上使用“……”。

9. 经常思考“死”这件事儿。偶尔搞不清自己在说什么，做了别人看不见的坏事，洋洋得意。

10. 拒绝运动，总是睡不着，对食物没有兴趣，觉得自己很虚弱。

这些条目中，有 1 ~ 3 个是正常，4 个以上是感情丰富的人，7 个以上基本可以认定开始焦虑了，不仅影响自己也开始影响周围的人。

我们总是因为不能准确判断自己和环境的关系，以至于造成我们和环境的冲突。因为界限不清，造成我们和环境不停地冲突；因为没有明确的界限，我们搞不清楚属于自我的、不属于自我的、属于和别人分享的，之间的差异。这些是我们无力感产生的根源，也是挫败感和认知世界错误的开始。

自我界定目的是让你明白，自我与环境的关系，不仅是静止的界限，也是动态的互动，同样也是自己与环境之间的差异。最重要的是明确自我在环境里的界限，对自己的人生进行底线管理。

To interact：

1．尝试列出自己童年因为家庭、学校等环境对你造成的伤害，哪些伤害你已经克服并面对了，哪些你至今仍旧很悲伤，对你现在的生活影响又是什么呢？

2.拿出活在当下的勇气，那需要你明白现在最大的逃避是什么？你每天在逃避的是昨天受的伤，还是今天必须解决的问题，还是未来要出现的问题？列表。

3.什么东西是你拥有的，什么是别人的，什么是共同拥有的。你会把某个人当作拥有或占有的东西吗？找出自己的错误认识，看看这些错误的认识产生了多少的冲突。

为什么幸福的贴士和幸福无关？

风靡一时的哈佛大学幸福学公开课，讲师泰勒给出了幸福的10个小贴士：

1. 遵从你内心的热情。选择对你有意义并且能让你快乐的工作。

2. 多和朋友在一起。亲密的人际关系是你幸福感的信号，最有可能为你带来幸福。

3. 学会失败。成功没有捷径，不要让对失败的恐惧绊住你尝试新事物的脚步。

4. 接受自己全然为人。失望、烦乱、悲伤是人生的一部分。接纳这些，并把它们当成自然之事。

5. 简化生活。更多并不总能代表更好，好事多了，也不一定有利。

6. 有规律的锻炼。体育运动是你生活中最重要的事情之一。

7. 充足睡眠。充足的睡眠是一笔非常棒的投资。

8. 慷慨。当我们帮助别人时，我们也在帮助自己，当我们帮助自己时，也是在间接地帮助他人。

9. 勇敢。勇气并不是恐惧，而是心怀恐惧仍然向前。

10. 表达感激。记录点滴思想，始终保持感恩之心。

6、7谈的是健康的身体，2、8、10谈的是和社会和世界的关系并讲述如何互动，5谈的是欲望和欲望的满足，1、3、4、9、10谈的都是自我,连一点涉及“快乐”“愉悦”“满足”“安全感”“控制感”等等我们认为和幸福有关的项目都没有。倒是讲了一大堆涉及如何面对人生坎坷，如何面对自我，如何充满勇气。这让我想起曾经的一个朋友。

Valor从小因为家里孩子多，养不起就托付给叔叔养，叔叔家里也不富裕，但因为是哥哥的孩子，倒是没让他受什么罪。唯一遗憾的是，小儿麻痹后遗症，一条腿在少年时代有点儿瘸。少年时代给我们同龄人留下印象最深的是，有次不知什么原因和街头的混混儿发生冲突，他以一敌众，最后拿着板砖一瘸一拐地追着别人拍，混混儿的四散奔逃和他最后浑身泥土掺杂着也不知是谁血迹的样子，很是威武。充满夕阳街头、武士威武、血染白衣的画面感。

中学时代，听说运动可以矫治腿，他疯狂地练篮球，从只能捡球的份儿，到最后成了组织后卫，腿还真奇迹般的好了。唯一的遗憾是，运动过度，原先竹篙般的身量，到了一米七就再也不长了。到了中学毕业，叔叔家在生了几个女孩儿后，终于盼来了儿子，成绩不高不低的他，只好选择去了有生活补贴的师范院校。

毕业后，成了英语老师，和学校的师妹结了婚。结婚时，印象很深的是，他有两对父母，相反是媳妇那因为是单亲家庭，只来了母亲，之后还专门请了岳父一顿饭。英语在非重点学校里不吃香，分配的时候虽然学业还行，但是没有什么关系，只能将就。

后边因为孩子出生，自己也要赡养两对老人，还有妻子的父母，钱有点儿紧，自己开始在外面做兼职教英文。后来被其他的老师告发，说不安于本职工作，他也没怎么辩解，别的老师劝他写个检讨，适当交点收入给学校，问题也就解决了，他却选择了辞职。

兼职英语课，是做不到养家糊口的，于是他凑了点钱，开了个家常菜馆，还算红火。又过了两年，把旁边的铺子也盘下来，让媳妇做了间蔬果店，一家子也算其乐融融。

我觉得 Valor 很稀有，是个历经那么多的不幸，却还算结果不错的人。他觉得自己很幸福，偶尔我们在他的馆子聊天，谈起幸福这个话题，他总是觉得幸福这个词太大了。那天借着哈佛十个幸福贴士和他聊了聊。

“身体这项目我不问你，你坚持得不错，身材和精气神在那儿呢？”

“这个倒要特别说一下的，我的自卑是靠运动锻炼才消除的，而且后来越来越发现，自己身体好的时候运气什么的也好；身体不好的时候，似乎运气都变差了。我估计是身体好、精气神好，自己自信，别人也觉得这人值得信赖。”

“勇敢呢？你那一出，可是当传说传呢。”

“那件事后，我唯一明白的是，我也害怕，我也恐惧，而且我的恐惧一定比他们还强烈，他们人多我还瘸腿。但我只是知道恐惧就是恐惧，我面对恐惧了，也就克服恐惧了。”

“那简单生活呢？”

“这个简单生活说的不是那么无欲无求吧，你也知道其实极简生活未必比一般生活代价小，也未必就无欲无求。反正我觉得我一直在为过得更好努力，只是比较在乎我能不能得到，有没有必要得到，随时拥有比自己的能力稍微大一点儿的欲望，我觉得很好。”

“你的热情呢，你的失败呢？你怎么看自己呢？”

“热情其实在我来说，就是我还想好好生活，我没放弃生活罢了。失败？说句最俗的励志的话，真正的失败是你失败后，明明知道如何改变却不改变，那个叫失败。遇到所谓失败，你改变了，吸取教训了，其实也就谈不上失败了。”“至于看自己，说到底，我在努力做到我能做得最好，倒不是为了其他人，是我觉得我做到最好，周边的人也就会变得好，这样就成了合力了。”

“朋友呢？”

“朋友是另外一个我。我和不同的人打交道，不可能永远是一个模样，而不同的模样除了那些装出来的，其余的合起来就是我。我和这个世界的联系也就是这些不同的我，而我自己就是合起来看。不过，你弟妹对我呼朋唤友不是很喜欢哦！”

“慷慨和感激呢？”

“其实我觉得慷慨和感激是互相的，你有慷慨的能力才行，反正我对那种无视目的的慷慨不感兴趣。说到感激，其实这个和你说得最多，我喜欢你说的那句话，‘珍惜和感恩都跟发现有关’，外人看来我可以不那么感恩，一辈子颠沛流离的，能自己活着活好就不错了。现在的小孩子不是动不动就质问父母，凭什么没有经过同意就把他们生出来吗，或是拼爹怨父母什么的。我只是觉得，当他们怀了你，对你最大的恩情就是把你生下来；把你生下来对你最大的恩情就是决定养活你，仅此而已吧。”

“那你一定相信那句苦尽甘来了？不受苦也就享受不到幸福吧？”

“我说句矫情的啊，咱也是老师出身嘛。**你感觉到这个世界的冷暖，是因为你还是个有温度的人，正是这些感知你才明白自己要做什么。不受苦就得不到幸福，这个是旁观者的问题，旁观者觉得你苦，如果你随时觉得你苦，不用说，你也感觉不到幸福。”**

Valor 幸福与否我不清楚，起码他觉得还行。Valor 是我见到过少有的，旁观者几乎笃定说他不幸福的他却觉得不错的人。他对十个贴士的解读，同样没有涉及快乐或是愉悦。那幸福会如何来，会不会来呢？

幸福会不会来？

幸福的研究是全人类最热衷的事情之一，甚至前一段时间涉及婚姻幸福、爱情幸福、幸福感的体验，都在被基因学科努力验证。至于什么金钱带不来幸福，或说金钱带来的幸福感是个曲线，不是直线，等等。有则《华盛顿邮报》的报道很是深入人心：

1988 年 4 月，霍华德·金森 24 岁，是美国哥伦比亚大学的哲学系博士。他毕业论文的课题是《人的幸福感取决于什么》。

为了完成这一课题，他向市民随机派发出了一万份问卷。问卷中，有详细的个人资料登记，还有五个选项：A 非常幸福。B 幸福。C 一般。D 痛苦。E 非常痛苦。历时两个多月，他最终收回了 5200 多张有效问卷。经过统计，仅仅只有 121 人认为自己非常幸福。

接下来，霍华德·金森对这 121 人做了详细的调查分析。他发现，这 121 人当中有 50 人是这座城市的成功人士，他们的幸福感主要来源于事业的成功。而另外的 71 人，有的是普通的家庭主妇，有的是卖菜的农民，有的是公司里的小职员，流浪汉。这些职业平凡、生涯黯淡的人，为什么也会拥有如此高的幸福感呢？

透过与这些人的多次接触交流，霍华德·金森发现，这些人虽然职业多样、性格迥异，但是有一点他们是相同的，那就是他们都对物质没有太多的要求。他们平淡自守，安贫乐道，很能享受柴米油盐的寻常生活。

这样的调查结果让霍华德·金森很受启发。于是，他得出了这样的论文总结：这个世界上有两种人最幸福：一种是淡泊宁静的平凡人,一种是功成名就的杰出者。如果你是平凡人，你可以通过修炼内心、减少欲望来获得幸福;如果你是杰出者，你可以通过进取拼搏，获得事业的成功，进而获得更高层次的幸福。

他的导师看了论文后,十分欣赏,批了一个大大的“优”！

毕业后，爱德华·金森留校任教。一晃，二十多年过去了。如今，爱德华·金森也由当年的意气青年成长为美国一位知名教授。2009 年 6 月，一个偶然的机会，他又翻出了当年的那篇毕业论文。他很好奇，当年那 121 名认为自己“非常幸福”的人现在怎么样呢？他们的幸福感还像当年那么强烈吗？

他把那 121 人的联系方式又找了出来，花费了三个月的时间，对他们又进行了一次问卷调查。调查结果回馈回来了。当年那 71 名平凡者，除了两人去世以外，共收回 69 份调查表。

这些年来，这 69 人的生活虽然发生了许多变化（他们有的已跻身于成功人士的行列；有的一直过着平凡的日子；也有的人由于疾病和意外，生活十分拮据），但是他们的选项都没变，仍然觉得自己“非常幸福”。而那50名成功者的选项却发生了巨大的变化。仅有9人事业一帆风顺，仍然坚持当年的选择——非常幸福。23人选择了“一般”。有16人因为事业受挫，或破产或降职，选择了“痛苦”。另有2人选择了“非常痛苦”。

看着这样的调查结果，霍华德·金森陷入了深思，一连数日，他都沉浸在自己的思绪当中。

两周后，霍华德·金森以《幸福的密码》为题在《华盛顿邮报》上发表了一篇论文。他详细叙述了这两次问卷调查的过程与结果。论文结尾，他总结说：所有靠物质支撑的幸福感，都不能持久，都会随着物质的离去而离去。只有心灵淡定宁静所产生的身心愉悦，才是幸福的真正源泉。

无数读者读了这篇论文之后，纷纷惊呼：“霍华德·金森破译了幸福的密码！”这篇文章，引起了广泛关注。《华盛顿邮报》一天之内六次加印！

在接受媒体采访时，霍华德·金森一脸愧疚地说：20多年前，我太过年轻，误解了“幸福”的真正内涵。而且，我还把这种不正确的幸福观传达给了我的许多学生。在此，我真诚地向我的这些学生致歉，向“幸福”致歉！

同样，我也发现了一个奇怪的现象，我的朋友们很少提及“幸福”两个字，通常会用“愉悦”或是“快乐”代替。问起原因，他们通常的理由是自己要的幸福不是这样的，不知道自己的幸福能持续多久，看着别人的幸福更像幸福，或是我的朋友家人觉得我不幸福。《马太福音》说:“因为凡是有的,还要给他,叫他富裕;那没有的,连他所有的,也要由他手中夺去。”如果真如《马太福音》讲,那我们天天追求的幸福,还会存在和到来吗?或许人生的幸福,当你问出来就和盲人问“光明是什么”一样,只会让我们的人生更困惑?

我也曾经参加了很多的幸福课或是积极心理学的宣讲。积极心理学总是会告诉你幸福是可以获取的,只要你努力,积极心理学类似“这个世界很苦,但我们能让自己让世界看起来不错”。虽然有点儿像安慰剂效应,但无非是说通过心理暗示和转换看待世界的方式,可以对个人幸福和潜能开发起到很大的作用。

但放眼我们周边的人,总是觉得别人很幸福,而觉得自己不幸福,这又是为什么呢?或许,正如《沉思录》里说的:“我们每个人爱自己都胜过爱别人,但是对于自己的看法之重视,远不如别人对于自己的看法。”“不要去注意别人心里在想什么,一个人就很少会被看成是不幸福的,而那些不注意他们自己内心的活动的人却必然是不幸的。”

或许我们从霍华德·金森的研究里会明白,**幸福观决定幸福感。**幸福本身是自己的一种感受,小到冬日冒雪回家,丈夫(妻子)递过来的一杯热水。但我们却会把幸福定义为一种目标:比如会要求最好家是住在Townhouse里,自己购物或是滑雪后归来,进门丈夫或妻子递过来的必须是热巧克力,而且是自己喜欢的味道,加了杏仁末的,似乎只有这样才符合幸福的定义。经常见到幸福被自己定义为各类指标的人,买了房子,孩子升了学,升了职,有了钱,去旅游了,等等等等。目标越大,你现在越感觉到不幸福，幸福是终点线的时候，路上的奔跑都是一种负担和煎熬。可以说，“我们因为追求幸福，而忘了现在的幸福。”

把幸福当作一种感受，这或许才是获取幸福的密码。而幸福的感受，和物质、和目标不是没有联系，而是需要在当下的一刻，享受自己和享受愉悦的感受。在我们接受很多的心灵宣讲时，都会提到“珍惜”“感恩”是幸福的源泉之一。通常，我们把“珍惜”“感恩”当作自我的一种心情转换，而没有学会发现值得珍惜的，发现值得感恩的。毫无疑问的是，一个不会担当自我的人，他本身是没有感知和发现能力的；同样，一个扮演社会角色的人，社会角色的幸福是有明确的量化指标，那他一定也不可能幸福，因为他在不停地奔向目标而不是感受当下。一个自我界定不清的人，他也会忘记真正属于自己的是什么，也无从感知和发现。

不管是积极心理学也好，还是幸福心灵养成课也好，或是我们去研究影响幸福感的是基因还是家庭，是教育还是成长经历，是金钱还是物质，还是对欲望的控制，或者是对周边环境的认识。我们在探讨和追求幸福的时候，总是需要有对幸福的感知能力，才能够发现和学习如何幸福。

如何保持人生的平衡

Swamp 又开始不快乐了。现在已经是春末夏出的季节，空气里有夏的骚动和热情，也充满春天将逝的埋怨。

大致是 Swamp 现在把工作、生活、个人、家庭、家族彻底平衡不了了，过去他一直形容自己是在走钢丝。可能过去自己担子小，也身单力薄，反而走起来轻松，整体也还算平衡和高效，闷着头去拼。现在自己的事业小有起色，房子也换大的了，孩子也快进幼儿园了，按理说进入稳定期了，却发现反而彻底没办法平衡了。

事业大了，公司大了，业务也就多了，需要最基本的业务量保障，这本身就让人头痛，压得人喘不过气来。更加烦恼的是，事业大了要逢迎的人和部门、自己要管理的事物和人，都在呈几何级数增加，每天已经分不清事情的轻重缓急，似乎都是要命的事儿。

Swamp 的孩子大了点，妻子也闲下来了，不是干涉事业就是休闲消遣花钱，过去回家有热饭吃，现在妻子回家比自己还晚，花钱还觉得天经地义，似乎生了男孩儿就是最大的功劳。妻子也觉得青春易逝、不再青春，失去的必须追回来，因为这个花的钱更是没数。

双方父母轮流来看孩子。一个孩子的教育，八个人发言，小孩子都被折腾得够呛。Swamp自己拿着自己的认识去和他们论理，他们总说那都是几十年前的事情了，似乎他们比自己还懂现在的社会，都不知道他们是教孙子还是教育他们自己呢？

亲戚现在因为Swamp混得还行，基本上就是把Swamp家当作了据点、城市驿站，大事小情都要找Swamp。亲戚们还振振有词地说，咱家就你一个出息的，你不多担待点谁担待，等我们的孩子也出息了，少不了好好帮你、回报你。

朋友们更是过分，过去觉得大家都平等，花钱借钱都很节制，现在冤大头似的都是Swamp在花销，还动不动就说咱们是朋友，借的钱缓缓或是打个折算了，有些干脆就玩消失或是卖可怜。重新建立朋友圈吧，想和自己的发展相匹配，发现现在自己没有那个时间、那个精力，就算有了精力和时间，那钱花得更是惊人。

就这，妻子还担心自己在外面乱来。Swamp都想跟妻子说，我哪来那精力啊体力啊时间啊，慢跑坚持了，可是搁不住生活作息混乱啊、应酬啊。外面的小姑娘是往上扑，Swamp躲都躲不掉，自己都快练成苦行僧的功力了，但妻子依旧在怀疑这怀疑那，自己都不想坚持了。但Swamp却奇怪，妻子怎么能怀疑自己和小姑娘鬼混？自己这素质，起码也是追求感情的人。情人有没有另说，起码比奔着钱来的小姑娘好吧。偶尔Swamp就想，少年夫妻老来伴，熬得过去就是伴儿，熬不过去就是离。

Swamp最后说，反正到最后背着不仁不义名声的，里外都是他。

我先让Swamp看了一段《沉思录》里讨论幸福的话：

“你管别人是怎样看你呢，只要你将以你的本性所欲的这种方式度过你的余生你就是满足的。那么注意你的本性意欲什么，不要让任何别的东西使你分心，因为你有过许多流浪的经验却在哪儿都没有找到幸福：在三段法中没有，在财富中没有，在名声中没有，在享乐中没有，在任何地方都没有找到幸福。那么幸福在哪里？就在于做人的本性所要求的事情。那么一个人将怎样做它呢？如果他拥有作为他的爱好和行为之来源的原则。什么原则呢？那些有关善恶的原则：即深信没有什么东西于人是好的——如果它不使人公正、节制、勇敢和自由；没有什么东西对人是坏的——如果它不使人沾染与前述品质相反的品质。”

成长不代表成熟，成熟不是个开花结果那么简单。我们大多数人认为，成熟和天气的变化一样，总是在该成熟的时候就成熟了。特别是给自己订立很多的目标，目标达到了，自己也就成熟了。事业、家庭、婚姻、物质都是目标，但真到了收获看似不错的结果，却发现自己失去了平衡。然后就陷入深深的焦虑，或是埋怨这个世界给自己的压力太大，总觉得自己想要的其实不是这样。也有些人，将责任推给这个社会，或是其他人，怨恨别人不理解自己，甚至开始利用自己的成功过混乱的生活或是开始及时行乐，最后把自己的生活彻底搞得一团糟。

Swamp是我们通常意义上讲成功成熟的人，“外表光鲜、内里凄苦”，通常成功些的人都会这么描述自己，我们也通常会觉得是在矫揉造作。但面对需要成熟的时刻，年纪到了，甚至取得了所谓的成功后，却失去了自我平衡，彻底陷入了焦虑，这样的人比比皆是。

通常我们给予 Swamp 的建议是，回归家庭生活、寻找生活乐趣、明确自我及社会责任、皈依信仰、心理疏导等等。但我们任何就结果而谈的解决方法，几乎都会让他在下一次的问题面前更加焦虑。而且让一个在自己的人生和事业处于上升期的人，去谈如何静心冥想，轻看得失也不太可能。如何在已经改变的环境里，寻找到属于自己的平衡，才是类似 Swamp 这样的人急需的灵丹妙药。

我们不妨从“担当自我，了解真相，自我界定，保持平衡”这四个方面尝试寻找解决的方法，或许正是这些不足，直接导致了他失去平衡。

担当自我：Swamp 深深懂得，自我的存在是自己与世界的联系和互动，而每一个联系和互动都需要担当一定的社会角色。简单讲，就是在不同的场合和环境，Swamp 需要成功，那就不是个舍弃什么的事情，而是每一个角色都需要尽力而为。丈夫、父亲、儿子、朋友、老板等等角色，享受成功的同时就要担当相应的自我。

Swamp 也必须懂得，所有这些社会角色的总和，与独立自我之间的融合才是自我。做丈夫的时候就是丈夫，做老板的时候就是老板，不能因为成功就在做丈夫的时候有老板的感觉，做老板的时候又希望员工有老板思维。而他绝大多数的焦虑，来自于对自己社会角色的厌倦。

而做好成功准备的同时，成功意味更大的责任和更多的困难，成功是一个开始不是一个结束。Swamp 也要学会，社会角色不是自己的唯一，在社会角色普遍的成功标准之下，也需要自我的存在。而这种存在，小到自己的爱好，大到家庭、孩子和事业的打造。

了解真相：事实的存在，总是一目了然的。但真相通常因为我们自以为是的解释和逻辑推理而失去，逃避责任和对事实的曲解是成年人最为擅长的事情。因果也好，推理也好，永远是站在自己的角度去思考问题。

父母对Swamp孩子的教育，更多的是趋同于社会的普遍风气，而遵循社会的要求自然是减少自我责任的简单方式，这样未来自然可以将孩子是否成材交给社会去评判，也免除了自己的责任。

Swamp妻子，更多的是无法和Swamp合拍，害怕被淘汰，也害怕被抛弃。她努力地让她自己追回想象中的青春，而没有学会如何和Swamp进行沟通，进行彼此在婚姻里的二次结合。

这就需要Swamp如何放弃自己思考来的因果，或是逻辑推理。更多地站在了解真相的角度去改变，而了解了真相，或许新的冲突更多，但基于担当自我的了解真相，一定会让Swamp更好地面对生活。也可以学习到如何和妻子沟通，共同学习和进步，建立共同的人生目标。

自我界定：Swamp的成功需要环境的认可，而且他也不遗余力地在周边展示了自己的成功。在展示成功的同时，他模糊了自己拥有的是什么，也不明白自我担当的范围。什么是自己的，什么是自己可以控制和影响的，什么是大家共同拥有的，什么是和自己无关的。当Swamp因为成功而炫耀的时候，他收获的一定是自己不能忍受和不能左右的事情。

我建议他对他的朋友进行底线管理，不同的朋友在钱财上设置额度，额度内的损失或是拖欠，无所谓，超越这个底线就减少往来。对于亲戚们的要求，事情可以帮，钱也有底线。把Swamp家当旅馆的，出钱去外面租旅馆。至于各类的无偿帮助，帮了就明确说清楚是帮忙，没有得到感恩的回报，下一次不要帮。

自己的工作也要明确什么是重要的，什么是自己必须担当的，其他的让能做这些的去做，并尽可能在自己的公司里建立群体利益，让更多的人在获取利益的同时给自己带来更多的收益。

同时，Swamp应该明白，成功是自己的成功，不是用来炫耀的，只是用来再一次出发的。成就感虽然需要旁观者羡慕嫉妒的眼神，但更需要的是自己决定继续走下去的决心。

保持平衡：Swamp最根本的问题，就是社会角色之间出现了交叉。他定义的角色需要担负的责任与现实里要求负担的责任不一致，而且在担负这些社会角色的同时，失去了自我，也做不到去纯粹地做好相应的角色。做不好丈夫的时候理由是自己还是老板，做不好老板的时候理由是员工不够尽力，做不好父亲的时候理由是干涉太多。每一个角色里，成功的地方他享受自己，不成功的地方他利用其他角色的原因去逃避。

而如何在不同角色间寻找到平衡，是他驱除焦虑和沮丧感的关键。Swamp需要明白，在选择担当自我之后，真相是清晰而明确的，在真相里完成自我的界定，剩下的就需要保持平衡。而保持平衡是在社会角色中完成不同角色的分量，或许因为事业，在家庭里的时间精力就会减少，但不表示，不能借助妻子分担，也不表示，自己可以借助事业的理由忽略家庭。或许因为更少的时间，反而要做更多的事情。

Swamp是我们周边最常见的成功者，也是我们周边最常见的失败者。而失败和成功，世界对你的认可和自己对自己的认可，似乎永远不合拍，也永远充满冲突和焦虑。而我最终希望Swamp，能将彼此融合，这或许才是自我保持存在的根本。

人也好，人生也好，身体也好，保持平衡的状态，既是健康的要求，同样是感知幸福的要求。我们的问题，除了我们不能左右的部分，剩余的都是平衡感失去造成的。维持原有的状态或是希望自己的状态有突变，是我们失去平衡的主要原因，也是我们烦恼和焦虑的发生地。

担当自我，了解真相，自我界定，保持平衡，是人生的原则，同样是保持自我存在感的基石，而且还是一个由表及里、循序渐进的过程。任何的缺失，其余的也不可能存在。

To interact：

1.你最埋怨父母不能提供给你什么条件，还是家庭没有让你成为你想的人，还是在关键时刻阻止了你的梦想，还是在爱上有厚此薄彼？每一项都写几条，然后列出多少是因为自己的原因造成的？

2.如果幸福感是一种看待幸福的模式，那你的不幸福感同样也是一种看待的模式，那你最感到不幸福的地方是什么？列表，问自己多少能改变，多少不能改变。

3.如果你是Swamp，如何面对现有的状况？按照担当自我、了解真相、自我界定、保持平衡的人生原则，尝试认识现在自我的状态。

自我的存在感

春天即将过去的时候，我偶尔会把打坐冥想的时间放在下午。只单纯地因为，可以感受到阳光的明亮。

春末的阳光，不似夏天的有灼伤感，又充满温暖的力量。树木的绿色开始渐深，阳光透过树木的时候就有大块的阴凉。只有风吹过的时候，才开始斑驳地闪过星星点点的光。春末是个充满各类味道的时候，泥土的，花草的，树木的，阳光的，风的。偶尔的蜜蜂和蝴蝶，一个是嗡嗡的声响，一个是翅膀扇动时阳光的色彩变幻，相得益彰。而鸟儿不那么喧闹，安静地三三两两地掠过楼角，一部分歇在对面的屋脊上，一部分在喷泉上晒太阳。

我总是把打坐冥想定义为不得不的安静。

因为身体的安静，意识就会很清晰地冒出来。一开始的时候，身体会想尽一切办法显示它的存在，于是你会觉得身体不适，随时出现痒和疼痛。但只要你认为这个是正常的，一会儿身体就会放弃这个骚扰。

这时候，身体开始利用你耳朵的灵敏、鼻子的主动呼吸、身体的感知能力、眼睛的顾盼自如来影响你。于是你会发觉平时注意不到的声音，注意不到的气味，分辨不到的微风和阳光，眼睛似乎也敏锐而清晰起来。这时的敏锐不如形容为敏感，让你更细微地感知环境的细节，同样让你觉得环境安静得让你难于忍受。

过了几分钟，你对这样的敏感开始觉得无所谓，也开始觉得逐渐融入这个环境，也开始明白你对环境的敏感，其实是你融入环境的一个过程,那些事物只是因为你安静了才凸显而已。这时，大脑就开始出来捣乱，脑袋里会冒出无数的想法和意识，开始是混乱而繁杂的，一会儿就会归结到某一件事某一个东西，然后大脑就不受控制地一直一直地想下去，没有穷尽似的，想到的东西通常也出乎自己的意料。

有些时候，冥想静心的方法会指导你刻意换一个东西想，有些会告诉你这个就是你现在最需要解决的问题或是事物，你就一直一直地想，完全关注在这个事物上，忘掉自己。同样也有类似数息或是关注自己身体本身的方法，也是放弃这一刻重复思考的方式。

及至连这个事物脑袋已经放弃继续思考，静心冥想的时刻也就到来了。这是一种状态，自我存在着却又与环境彼此融合、和谐律动。你既感知着这个环境，又不试图去改变什么，却又无时无刻不与环境互动。你有自我存在的感受，却又清晰地感受着安静和温暖，甚至是光亮。

冥想在这一刻也就降临了。在很多的静心里，这一刻就是当下，这也就是真相，也是真正意义上感知自我的存在。

我们的生活像在雨中行走的人，那我们的人生无非是选择走得快与慢，如何认识风雨罢了。我们不能奢望我们可以逃避风雨，因为雨总是会落下。在我们应该讨论或学习，如何经受风风雨雨，

如何看待这些风雨的时候，绝大多数人，却在埋怨为什么我要经历这些风雨，有没有可能不去经历。如果这个人生还有真相的话，一定是你选择任何的一条道路，都会风雨交加，你以为逃避了这条路上的风雨，其实那些只想着逃避而选择的道路，未来或许风雨更大。

Swamp、Lara、Ivy、Dervish、Chime、Shadow、Zen、Valor、我的学生，包括我在内，如果拿静心冥想做比照，有些一直存在于感知痛苦里，身体很痛苦，身体的欲望永远不能被忽视，既敏感又痛苦。

有些因为正视了自己的欲望，不再逃避自己的人生，却陷入了敏感而对环境的不能忍受。这样的状态，敏感是自发的不可控制的，也总觉得自己和环境格格不入，甚至生活里充满战争和冲突。

有些，突破了这些，开始明白自己和环境的关系，即自己和环境是一体的，既有互动又有界限，争取没有冲突只有共鸣般的律动。敏感变成敏锐，敏锐变成了观照和感知。

有些，是开始沉迷于自己的思想，将思想代替了现实，代替了真相，一股脑儿地思考下去，无穷无尽，所有的事实都被联系成了因果，然后一步步地将事实抛弃，也就放弃了真相。

或许，没谁能在生活里、人生经历里完全达到最后的状态——冥想。但在我们面对人生的风雨中，最终是能得到温暖而安静的力量的，是能感知到自己和这个世界的温暖的。

偶尔我会拿静心冥想与“**担当自我，了解真相，自我界定，保持平衡**”联系起来，当你开始冥想的时候就必须担当自我，因为你不得不安静下来；而自己的感知和周遭环境的关系，逼迫你去了解真相；而自我和环境的关系，自我的存在，包括互动，是自我界定的开始；而安静、温暖地存在着，就是全然地保持平衡。

或许，自我的存在需要人生的努力，而能让你坚持努力的，就是爱的力量了。

Part Ⅱ　爱

爱会是什么？

古希腊神话里，有一只金苹果。

在人类英雄帕琉斯和海洋女神忒提斯的婚礼上，众神均受邀参加婚礼，唯有纠纷女神厄里斯没得到邀请。厄里斯怀恨在心，婚礼上将一个偷来的金苹果从天而降下，上面写着“送给最美的美人”。天后赫拉、智慧女神雅典娜、爱神阿芙罗狄忒为了这个金苹果争执不下，她们三位都自认为是最美的美人。其他神祇害怕得罪女神都不敢发言，天神宙斯让特洛伊王子帕里斯做评判。

女神们为了获得金苹果，分别开出了条件：赫拉许愿给他无上的权力，并佑护他成为一个拥有无限权力的统治者；雅典娜愿意赋予他智慧和力量，让他有勇气去冒险，成为真正的勇士；阿芙罗狄忒答应给他爱情，让世界上最漂亮的女子爱上他、并做他的妻子。帕里斯考虑很久，觉得权力和统治，或是做一个英雄，通过自己的努力都可以得到，但爱情却不是每天都可以遇到的。于是就将金苹果给了阿芙罗狄忒。后来，帕里斯在阿芙罗狄忒的帮助下拐走了斯巴达的王后美女海伦，直接导致了特洛伊战争。

爱在这个故事里战胜了权力、个人成就，甚至点燃了战争的导火索，爱的力量不可谓不大，摧毁力也惊人。苏格拉底的麦穗爱情观，尽人皆知，也是爱的经典解读，类似于担当自我和主动选择。《圣经》里的爱，是因为神爱众人，所以我们要彼此爱。“没有爱心的，就不认识神。因为神就是爱。”“我赐给你们一条新命令，乃是叫你们彼此相爱。我怎样爱你们，你们也要怎样相爱。”

“亲爱的弟兄啊，神既是这样爱我们，我们也当彼此相爱。”唯一让我们欣慰的，“爱是永不止息。先知讲道之能，终必归于无有。说方言之能，终必停止，知识也终必归于无有。”爱是超越知识，超越语言，永无停息的。

东方哲学里，爱是“仁爱”，“爱”是“仁”的结果，孔子《论语》里：樊迟问仁。子曰：“爱人。”问知。子曰：“知人。”樊迟未达。子曰：“举直错诸枉，能使枉者直。”也有，“子曰：‘弟子入则孝，出则弟，谨而信，泛爱众，而亲仁。行有余力，则以学文。’”东方哲学里还有“恕”的概念，是推己及人，爱人爱己。而佛教的爱，也就“慈悲”两个字，慈爱众生并给予快乐，称为慈；同感其苦，怜悯众生，并拔除其苦，称为悲；里面有个看得见和通感的前提，然后爱就是给予快乐驱除苦难了。

意大利作家亚米契斯的作品《爱的教育》，是一部著名的儿童文学作品，而意大利原名是《考莱》，意思是“心”。几乎是第一次，东方的爱和西方的爱，得到了最恰当的解释和融合，那就是“心”。

我们的爱是什么？

让我们以一个快乐的故事开始我们爱的历程：

一对年轻的情侣如胶似漆，缠绵良久。

“我真想余生的每一分每一秒都和你度过，你是我的空气，你是我生命里的水。”男孩儿深情地凝视她。

“我也是。”女孩儿害羞地沉思。

“你爱我的英俊和学识吗？”男孩儿问女孩儿。

“我爱的是你，不是你的英俊和学识。”女孩儿责怪道。

“你爱我的家庭出身和现在的成就吗？”

“我爱的是你，不是这些东西。”女孩儿有点儿生气。

“你接受我的过去吗？保证未来也一直爱我吗？”

“我爱的是现在的你，和过去无关，虽然因为过去才有现在的你；未来我还会爱你，只要你还是你。”女孩儿很是认真。

“我愿意为你改变我自己，你愿意吗？”

“我爱的是你，改变的你，改变的我，还是你我吗？”女孩儿有点儿诧异。

“你会只爱我一个人，把所有的爱都给我吗？”男孩儿郑重地问。

“你会吗？如果你保证，我也一定保证。”女孩儿下了决心。

“那你爱我拥有的一切，愿意和我一起面对未来吗？”

“我爱的是你，我希望和你一起度过余生。我们会像最美好的爱情故事一样去爱一辈子。”女孩儿深情地说。

“那我失去我现在的一切，你还会爱我吗？”男孩儿无比地感动。

“失去现在的一切？开什么玩笑，失去这些，你已经不是你了，我为什么还会爱你？”

他们匆匆结束了话题，各自陷入了沉思。

爱既是亘古不变的话题，也是永远的人生话题，而且还是人生不得不解决和面对的课题。搞不懂爱，也就搞不懂人生；因爱而受伤，也成了喷涌痛苦的泉眼。

当我们面对自我的存在，能真正使我们勇往直前的力量，就是爱。爱既是一种力量，也是一种能力，正是充满爱的人生，才让我们正确地面对人生的问题和苦难，并得以完美地解决。而当我们面对爱，我们去诠释、去学习感受不同的爱，肉体的、精神的，爱情的、婚姻的，家庭的、家族的，朋友的、陌生人的，等等，却让我们越来越感觉到爱的神秘，爱的博大，爱的难以捉摸。

让我们尝试去解读这个人类最为伟大的感情吧。让我小心翼翼地揭开爱的面纱，用我的不完美试着去描述定义最完美的爱：**爱，不是一种情感，而是一种行动。爱是让你学会发现、包容、欣赏、改变、喜悦，让你不压抑不升华，美丽地活着，能够走向心智成熟的内心力量。**

与众不同的是，我们总是要么觉得我们没有能力爱、面对的不是爱，要么不会爱。爱成了生活里证伪的过程，我们总是怀疑自己的爱，怀疑对面的人是不是爱自己，似乎我们的生活就是用来证明这个世间不存在爱。这样的人总是会说、会想："这难道是爱吗？这一定不是爱，仅仅是喜欢吧，是他（她）要得到什么东西吧，他（她）一定是有目的的。""我受伤了，我再也不会爱了，爱在这个物欲横流的世界，压根儿就不存在。""他（她）一定不爱我了。否则他（她）不会……"

还有很多人，把爱设计得无限完美，不食人间烟火。只有小说或是影视剧里的爱才是爱，自己想象出来的爱才是属于自己的爱，拿着自己的想象去要求活生生的世界改变，最终却在悲伤里埋怨没有爱。他们通常说着："我是这么地爱你，难道你感受不到吗？""为什么我的爱是这样，为什么他（她）没有给我我想要的回应呢？""属于我的纯洁的、超凡脱俗的爱在哪里呢？"

我们也经常遇到那些充满占有欲的爱，不管是对方的身体、生活我们都热衷于去控制。甚至将自己的爱，当作交换的砝码，允许自己犯错，允许自己不改变，却要求爱的对方去改变、去迎合自己。我们总是能见到说着类似话的人："不是我爱你，我会这么要求你？""因为我爱你，所以你必须……""你是属于我的，所以你不能……""如果你爱我，你就应该……""我就是这样，你不能因为爱就要求我改变。""我是你的亲人。我爱你，你应该……"

我们也见到那些拿着爱去交换的人，将爱明码标价，不仅量化了爱，还提供了交换的标准。爱成为我们获取我们想要生活的资本，只有提供这样交换的人，才是我们的爱人。他（她）一般会说:“因为我爱你,你应该给我什么样的生活。”“你想要我爱你，你想要我接受你的爱，你就要……”

我们也被教育得博爱，那些励志书和心灵鸡汤告诉我们，要爱自己，要爱所有的人，只有爱才是这个世界上最值得追求的东西，爱成为世间最有力量的东西。但同样在不停地告诉你，心智不成熟的爱不是爱，没有成熟的人生也就没有成熟的爱，似乎爱成了心智成熟的副产品。这样的人总是说：“我要接纳不完美的自己，这个世界才能接纳我。”“我要心智成熟，才能分辨我有没有可能去爱。”“人生的成长比爱重要，我成长成熟了，自然就会爱。”“我要与自己和平相处，才能去爱。”

当我们一遍遍地把爱曲解的时候，自然离爱越来越远，爱变得扑朔迷离、更加神秘。但当我们明白，爱如空气一般，我们每天每时每刻都需要，爱也随时在我们的周围，那我们又如何才能去爱和收获爱呢？

第一，我们要学会发现爱和感知爱。爱如果存在，如果是我们不可或缺的，那我们需要的就是学会发现爱，也培养自己感知爱的能力。我们经常见到那些事后才发现别人其实是爱自己的人；也见到那么多，因为失去才觉得需要珍惜的爱，如亲情、友情；或是，明明是自己爱了，或是别人爱自己，我们却把爱描述成交易和交换。而发现和感知爱，是我们面对爱迈出的第一步。

其次，我们必须学习爱自己和爱别人，并学会为爱改变。失去了自我，也就没有爱的主体，而爱自己才是可以去爱的标志。我们为爱付出一切，却在爱里迷失自己，这个老掉牙的肥皂剧，却在我们的生活里随处上演。要么，只会爱自己，却伤害了自己，不是感觉孤独就是被世界抛弃，自我存在感极强却没有别人爱自己，也学不会去爱别人。爱自己和爱别人是一个事情，不改变的自己面对随时改变的世界，爱也离自己远去了。

第三，爱是需要努力付出的，爱不是一种收获，而是活在当下的一种表现。爱既是当下的情感意愿，也是感情积累的结果。不能因为之前你爱的付出，就要求这一刻或是未来爱依旧存在，也不能把爱当作一种收获或是目标，在付出的时候感受不到爱。假若明天我还爱你，那是因为今天我在为爱努力，和昨天是否曾经多么爱无关。

最后，爱是成熟的一种标志，爱同样是走向心智成熟的途径和力量。我们寻找最纯粹的爱，却把爱解释得无比深奥和晦涩，复杂到彻底搞糊涂了自己。成熟的人，爱得也成熟，但不是说成熟的人才有权利享受爱。我们听了太多“你们这个年纪,不懂爱”,“那时候我们不会爱”，其实爱才是走向心智成熟真正的途径和力量。

让我们开始探知爱的神秘吧。

你是世界上最孤独的那只鲸吗？

它叫 Alice，1989 年被发现，从 1992 年开始被追踪录音。在其他鲸鱼眼里，Alice 就像是个哑巴。它这么多年来没有一个亲属或朋友，唱歌的时候没有同伴听见，难过的时候也没有谁理睬，没有任何鲸鱼对它的哀伤哭泣做出回应。原因是孤独的 Alice 用 52 赫兹的歌声传达信息，而正常鲸的频率只有 15 ~ 25 赫兹，它的频率与众不同。

据报道，一个由科学家和纪录片制作人组成的团队于 2014 年秋天沿着北大西洋鲸鱼路线寻找这只世界上最孤独的鲸鱼。科研组从来没有见过这头他们研究的鲸鱼，也不知道 Alice 属于哪个品种。

科学家们不清楚这头不寻常鲸鱼的医学状况。尽管它孤零零地，但是我们的“52 赫兹的 Alice”看来健康得很，因为它在大海中已经存活 20 多年。但提到对 Alice 的孤独进行设想时，科学家达赫尔说：“它孤独吗？我不知道。人们喜欢把这只动物设想成在海中寂寞地游泳，用歌声解愁，没有同伴倾听。但我不这样认为。”尽管它唱响的 20 多年无应答的呐喊只是在冰冷的北大西洋里回荡，Alice 似乎会一直唱下去。

“为什么要给我看这个故事呢？”夏初的傍晚，风已经有点儿暖意，晚霞没有那么灿烂，却有着奇妙的紫色晕染。我把坐在对面的姑娘，也称作 Alice，因为她在爱情里似乎也是一只最孤独的鲸。

Alice 是一个出版策划人，在大学学了语言文学后，没有成为作家，倒是成了出版策划人，多少还算是专业遂愿。因为自己对文字的驾驭能力，和对同龄人喜好的了解，Alice 策划出版了几本潮文字，也算行业里认可的年轻人。因为文字方面的事情，和她就有比较多的沟通。

Alice 上一段恋情自我感觉很失败，虽然男友很宠她，但却没有那么多的共鸣点，最后男友也放弃了，远走其他城市，而 Alice 也郁闷地换了公司。据她说是这个公司更有挑战性，我是觉得属于有意识地离开伤心地。现在的年轻人很多时候都这样，用换环境的方法换心情。

新环境 Alice 进入角色的速度很快，因为还是自己擅长的那些作品，不用太费脑子就可以很好地驾驭。虽然公司变大了，人员有点儿复杂，但她相信依靠自己的能力是一定能有所建树的。公司里同期进来的有个男孩儿，也做策划，但特长是漫画，性格有点儿柔软，因为梦想是漫画家，所以工作一直有点儿别扭和吃力。

很快，新人入公司很容易就陷入男才女貌的传言。Alice 认真研究过这个男孩儿：才气满满，性格安静，虽然有点儿自卑和孩子气，但是在一片世故的人里，还是很出众。两人似乎都默许了这个传言，中午工作餐出双入对。Alice还特意没事送点小礼物，带点自己做的粥什么的，这些几乎是Alice觉得能做的最好的暗示和对他最大的关心，毕竟自己一直被宠惯了。

但男孩儿似乎理所应当地接受这些，用沉默和安静面对她，不置可否的样子。Alice给我诉苦的时候，我会说她一是对别人的回应不仅闭合而且还慢半拍，二是思维有点儿自顾自，三是他俩频率不搭。Alice歪着头会问为什么。

“比如，别人说近期《驯龙高手2》很酷，你会说续集通常没有第一集好看，还不如《沉睡魔咒》；再比如，他念叨周末只能宅在家，你说在家也能很充实啊；再比如，你不停地带粥给他，他喜欢不喜欢你问过吗？你觉得他偶尔蹭你的饭，提出和你合作出书，都是在利用你，那你要的纯纯的爱，会告诉他是什么样的吗？”

“他一个男孩子应该知道啊，一般的恋爱不是应该这样吗？”

“应该？你渴望一场超凡脱俗的恋爱，却希望用最世故的方式去表达？”

“难道不是吗？恋爱是纯洁无瑕的，但男孩子该做的他应该会做啊，应该能想得到啊，也应该有回应啊。他是不是在利用我的善良啊？”

“我觉得最显而易见的暗示，你拒绝了，而且你希望的回应，是他这样的男孩子不懂的。要么你去培养他，教会他怎么爱；要么还是选择放弃他吧。”

“他喜欢我吗？我怎么觉得他不是喜欢我，而是利用我呢？”

“你不想承认因为自己的原因，错过了他，只好定义成他从来也没有喜欢过你。被欺骗都比错过更让你接受，仅此而已。”

“那，一个男孩儿喜欢一个女孩儿，难道不应该勇往直前，不顾一切地表达吗？不这么做，一定不是爱，连喜欢都算不上。”

“你面对的是活生生的他。他是一个人，不是叫作‘应该’的东西吧。”

“他就是不爱我，不喜欢我，在利用我……反正我这么觉得。”

Alice也像那只孤独的鲸。人生活得也不错，也希望和周遭交流，在人海里寻找属于自己的爱和感情，可惜就是频率不对。不管她是否执着，她都不大可能遇到自己想遇到的人。Alice把自己的频率设定在特定的频率上，压根儿就没打算去换一个频率。

我一般会把这样的人用“爱的自闭症”来形容，具体表现就是拒绝按照社会认可的交流方式沟通；认为没有按照自己意愿得到的结果就不是爱；按照统一的要求去要求对面的恋人，跟自闭症症状差不多。

活在过去里，活在臆想里，活在自己以为应该的爱里，这是我们遇到的最常见的问题。理由无怪乎几点，因为过去爱让我受伤了，我再也不要受同样的伤；因为大家觉得这样才是爱，或我觉得这才是爱，那这个人没有做这些一定不是爱；我做了那么多，为爱付出那么多，但是为什么得不到我要的回应呢？这也一定不是爱。既发现不了爱，也感知不了爱。只能祈求上天，在合适的时间、合适的地点、合适的方式，让自己能邂逅爱。

我们身边很多这样的男男女女，做着最孤独的鲸，渴望着爱也总是得不到爱。在成长的过程中，因为种种原因，很年轻的时候就将自己的人生界定成一个模样："我就是这样的性格，我就是这样的人，我要的爱只能是这样。"将自己的生活固化，也将自己的环境固化，非常敏感却永远培养不出敏锐。生活永远在一个频率上，不管环境如何变化、成长是否完成，对于他们来讲永远保持一个心理频率，但另一方面却永远无限渴望爱。

Alice 或许因为过去的那段恋情，也或许是因为环境的原因，也或许因为自己对自己的界定，她被自己困在了一个密闭的环境里，钥匙既不在自己手里，别人也无从寻找得到，总是在自顾自地渴望爱却永远感知不到爱。我给她的建议很简单：**从一个有用的人变成一个有趣的人。培养除了专业之外的兴趣和爱好，让自己变得优秀，也自然会接触更多优秀的人。在感知美和有趣的过程中，自己变得有趣，也就能感知不同的人和不同爱的表现。**

Alice 参加了吉他、形体、化妆等课程，也终于将那自以为符合自己职业特点和性格特点的服饰习惯改变了。当 Alice 变得更优秀的时候，似乎也更加能感知到周围的善意和爱的信号。有时候改变对于一个年轻人，真的是成长成熟的开始。她也终于晓得，如果她要去爱，对面的一定是一个活生生独一无二的人，而不是自己思考来的、界定的某个人。

夏天的时候，Alice 告诉我准备去上海。我问她是因为工作还是因为生活，她说，因为生活。我就建议她立刻离开，为了生活，改变永远是值得的。

“等我完成这本书就走，我的闺蜜超级喜欢这个作者，这本书算我送她的礼物。”

“哦，如果那个男孩儿还是希望和你出一本书呢？”

“合适了，为什么不呢？”

这个夏天，Alice一定会成为对生活充满热情的人，自然也会发现爱。

时间都去哪儿了？

静心小组里经常会谈到父爱母爱问题，这几乎是每个人内心最柔软的地方。对父母家庭的抱怨也好，感恩也好，基本上要么家对于一个人来讲，是最想突破的牢笼，要么也是最想休憩的港湾。

“子欲养而亲不待”，这是东方社会普遍的遗憾。“不养儿不知父母恩”，但很多人养了孩子后，也未必就充满感恩。那父母之爱，仅仅是我们在慨叹“时间都去哪儿了”的场景里，去感受泪水满眼呢？还是父母之爱，可以温暖和治愈自己？

让我们还原一下自己的人生。

人一出生，家庭是人生面对的第一个环境。家庭既是自己生长依托的环境，又是学习这个世界最早的范本。研究发现，婴儿起初是会觉得世界和自己是一体的，睁眼看到世界存在，闭眼世界就不存在，而且自己的想法和认识，全世界都知道。及至大了些，搞明白世界是独立于自己存在的，然后明白自己的家庭和外部环境的差异，需要和环境的交流才能完成自己的想法和满足需求。

进入少年，在模仿环境里的各类角色后，独立意识开始增强，就会发现父母、家庭既是一个界限，又似乎是一种禁锢，但又是与外界相通的唯一途径。曾经的偶像如父亲，坍塌了，成了必须战胜的对手；曾经温暖的母爱，成了束缚，感觉到无限的不自由。叛逆期来临，开始迫不及待地闯进社会。

进入社会，总会觉得不是自己想象的模样，家庭里所有的理所应当，在社会上总是四处碰壁。然后，很容易陷入一种纠结，一方面觉得自己的家庭没有提供自己在社会上打拼的能力，一方面受了挫折第一时间还是回家疗伤。也有那些永远从家里走不出去的人，要么就按照父母的意志去生活，要么就一味想着战胜父母，造成一定的心理问题。

在对家庭关系认识上产生心理问题，通常在三个时期:4 ~ 8 岁开始认识到自己和环境之间的关系和差异时；接下来就是少年的叛逆期；最后在进入社会成年之后。我们每个人仔细回顾，对于家庭的认识，对于父爱母爱的认识，在这三个阶段都成为记忆和认识的主体时间段。

我们经常在家庭里觉得：被忽视，父母不理解自己，没有提供给自己更好的环境，父母压根儿就不爱自己，父母不遵从自己的意愿，把自己当作家庭的附属品，关键时刻就不帮自己，自己受伤了还继续指责，等等。于是我们开始怀疑自己的父母之爱是否存在。

我曾经拿自己的经历和大家讨论：

曾经和母亲、妻子回望自己的童年。妻子开玩笑说我，能活到现在真不易，一两岁上颚外伤，差点儿影响说话；两岁多毒痢疾，鼻饲了一个月；九岁左右，摔断了胳膊，等等等等。我母亲还有点儿歉意地提到，胳膊断的时候，因为经济紧张没打石膏，有点儿亏欠我的感觉。上大学的时候，自己是一个人千里迢迢去的，宿舍六个人，就我一个孤零零去的。及至进入社会，自己也是在独立打拼，没借助什么家庭的力量。只是到了孩子出生，父母是帮了大忙，就像把我重新养了一遍似的，一股脑儿把爱倾泻而出。甚至，我的母亲听觉有点儿问题，她一直拒绝佩戴助听器，可能是想保留自己的清静。但奇妙的是，她对我和哥哥的孩子，总是反应灵敏。有时候说起来，我们总是归结为心灵感应。

我在描述这些事情的时候，一定是因为过于自信，甚至有些炫耀的成分。其他成员，都开始逆反般的质疑这里面的爱。

“你的上颚受伤，是和哥哥一起玩的时候。那是他没有照顾好你，为什么你觉得无所谓呢？”

“毒痢疾？一定是吃得不好，卫生不好，怎么那么不小心呢？”

“你胳膊摔了，没钱就不打石膏，那有了后遗症怎么办呢？”

“从来没有出过门，让你一个人去上大学？疯了吧，套句俗话，你确信你是亲生的？”

“你进入社会，事业上父母帮不了你，结婚买房他们也没有倾其所有，似乎对你哥哥都比对你好吧。”

最常见的情形出现了，这些经历我经常会当作值得炫耀的人生经历，但也很容易陷入关心不关心，爱还是不爱，或是爱得够不够的陷阱。父母的爱，在我们看来一定是理所应当的，因为父母之爱是你生活的一部分，而且是通过生活的细节体现出来的。但真到我们适应了理所应当的爱，稍有挫折或坎坷，就会让你开始怀疑父母是否爱你。父母是决定你从哪里来的，不是决定你到哪里去的，而我们总是认为，你决定了我从哪里来，就要决定我到哪里去。

为了解决大家的疑惑，我给每个人发了两张纸，一张红色，一张蓝色，要求每个人细细地想一下自己的父母和家庭，各写出十项证明父母爱不爱自己的事情，红色写证明爱的，蓝色写证明不爱的，半个小时完成。可以涂改，但必须以轻重缓急或是感受的深浅程度排序。

时间到的时候，我发现普遍涂改得很严重，甚至中间有人要求再重新发纸。

第一步，不同的人之间互换内容，然后对别人认为是爱，自己认为不是的画出来；别人认为不是爱的甚至是伤害的，自己觉得无所谓或是谈不上不爱这个程度的画出来。然后再彼此交换。

第二步，针对别人的看法，重新整理对爱或是不爱的判断。

第三步，比照表示爱的项目和不爱的项目，能够互相抵消的，进行抵消，看最后剩下的是爱多还是不爱多。

最后的结果，出乎意料。首先，很多认为证明父母不爱自己的选项，其他的人通常会觉得无所谓，甚至认为是爱的表现。而抵消过后，剩下的昭示爱的选项还有很多。基本可以得出结论，**我们认为的爱真的是爱，对自己也很重要；我们认为不是爱，甚至是伤害的，很多在其他人看来也没那么严重。或许，这就是父母之爱的真谛，隐藏在日常的每一分每一秒里，却没有那么多的机会让自己发现和感知。**

当然，生活里一定存在那种只有伤害没有爱的父母，那是人生的悲剧也是命运的捉弄。但大多数的家庭或是父母，对于孩子都是充满爱的，哪怕是爱的方式和方法不对，或者是没有表达出来罢了。我也很感谢，我的父母从来没有让我怀疑过他们是否爱我，这个或许才是最值得我自豪的事情。

在最后，我问那些爱都抵消完了，只剩恨的一个人：“你只剩下证明不是爱的恨，你会开始厌恶自己吗？”

“不啊，起码在你们那里明白，爱需要发现和感知，起码我还能给予我的家庭爱。”

血一定浓于水?

每年初夏，Swamp 会给我送当年新产的绿茶，春天的茶在夏初的季节品味，总让人似乎触摸得到春天的嫩绿和气息。茶室里燃着香，和 Swamp 的愤懑形成鲜明的对比。

Swamp 遇到的问题很常见：姨妈的孩子快大学毕业了，想出国留学，但是在大学三年级的时候，这个孩子陷入了宗教信仰不能自拔，深深地沉迷于禅宗，还拜了师父和办理了皈依。Swamp 觉得表弟应该先进入社会，充分地历练之后选择自己的人生之路。因为表弟对禅宗的迷恋，在 Swamp 看来是对社会、对自我的一种逃避，如果内心没有认识到这一点，就算留学其实一样是一种逃避，对表弟的未来没有任何的帮助，只会浪费时间和姨妈家的钱。

但姨妈祭出了亲情的法宝，拉着 Swamp 的妈妈一起来说服他。他很快地败下阵来，估摸着妈妈的意愿，承诺在表弟出国的事情上进行帮助，包括财力、物力、关系打通上。

但最后姨妈表示感谢的话，却让 Swamp 彻底爆发了。姨妈说，就是的，这是你弟弟嘛，你不帮他谁帮他。还是亲戚管用。Swamp，你放心，不会让你白帮忙的，你弟弟是个懂事的孩子，未来弟弟一定能帮到你的，也一定能让你觉得没有白帮他。Swamp觉得，自己是碍着妈妈的面子才决定帮表弟这一次，也没打算有什么回报，能收获真诚的感谢就好了。姨妈这样说，似乎这事成了一种交换、交易，如果真是这样，是不是自己就可以选择不帮呢？

另一些事情，让Swamp更是懊恼，随着事业的起伏，在他看来朋友们全变了。有些自己认为的朋友，做了对不起自己的事情，包括窃取他的订单、和他竞争，或是借钱不还，或是安心享受他的照顾；要么有些就逐渐地疏远，逐渐悄无声息。近期最让他气愤的是，一个一起混过创业期，如今还混得不错的朋友，欠自己一笔货款，追了几次都不还。理由都是两人是朋友，这点钱不至于那么急，等资金宽裕了，第一时间就还。

逐渐地，Swamp开始怀念过去的同学和从小的朋友，基本近期的休闲都和这些人在一起。Swamp越来越觉得社会上的朋友都不真实，自己也彻底把握不住分寸了，日常的应酬和交际也多，这个本来是自己擅长的，但是因为被“对朋友如何界定”这个问题困扰，他越来越开始厌倦应酬什么的，而且已经多少对事业有了一些影响。Swamp感叹，为什么在东方对于亲情和朋友的关系处理总是那么麻烦。

东方文化里，宗族概念一直是个不能忽视的东西。除了自我的成功之外，在宗族里是否得到认可，和寻找自己在宗族里的地位，一直是东方人必须面临的问题。东方与西方的不同，在心理学方面有很多的研究。比较出名的一项是关于母亲和亲戚关系的，研究发现当提到母亲和亲戚关系时，东方人大脑关于自我认识的部分会被激发，而在西方，最多在提到母亲时自我认识部分才会被激发。也就是说，自我认识和亲戚关系之间存在微妙的重叠和联系。

也就是说，除了家庭对自我的影响之外，除了自己需要在社会上寻找自我的定位之外，Swamp 和你我，都需要在家族体系里完成自我的定位和担负相应的责任。或许这就是，每个人需要在家族里的迎来送往里表现自己，寻找位置的关键。Swamp 被家族定义为成功者和担当者，自然需要承担家族认为的应该做出的付出，Swamp 过去也乐此不疲，让母亲和父亲在各自家族里挣足了面子。但姨妈除了需要 Swamp 担负家族的责任之外，第一觉得这个事情理所应当；第二，觉得随着表弟的成长成熟，也会带来家族地位的变更。正是这两点，或许让 Swamp 彻底愤怒起来。

至于朋友，其实道理和家族差不多。Swamp 的自我认知是和朋友比较的结果：我过得比朋友们好，说明我成功；过得比他们差，说明我还要继续努力。每一次的进步，Swamp 都让朋友们分享到了自己的成功，也就重新定义了朋友圈里的地位。而这种地位的差异，Swamp 又不甘于承担相应的变化，而朋友们已经认同他为成功者，或是可以包容甚至可以分享成功的人，于是不管是钱、物、感情什么的，Swamp 都成了那个损失者。而之前的朋友，虽然因为个人的成长和成熟不同，大家都有了这样那样的变化，但因为之前的经历，大家在圈子里的心理地位并没有改变，也就并不影响在圈子里的地位，地位已经固化了，就没有那么多的迎合和变化，反而显得纯洁和真诚。我们那些同学会和儿时伙伴的聚会都验证了这一点。

“我没兴趣听原因，有解决的办法吗？”

“有啊，原因就是解决办法啊，问题的答案在问题里。”我故作高深。

“来点干货，好不好？”

“表弟的事情，根本在于你妈妈觉得应该如何，如果她觉得按照你的意见是对的，那就已经考虑了家族里的问题和矛盾，你也就无所谓；如果妈妈觉得你必须去做，必须完成你在家族里的担当和义务，对不起，乖乖去做。

“至于朋友，朋友永远是朋友，但需要你重新定义你在朋友里的地位。上次教你不同的朋友按照金钱分个类，除了大事之外，不同的人有不同的标准，这个标准之下还是朋友，标准之外就注意点。你还是没听呗。

“其实你不用怀疑你的姨妈是否爱你，你的表弟是否感恩，你的朋友是否利用你，其实这些都是亲情、友情，都是爱，只是你是否能担当自己在家族里的角色，是否能在朋友圈里固化你的地位。

“你也别指望清爽，这个东西说好了是文化，说得不好是你骨子里、基因里的，当你给大家证明你的成功之时，也就担当起了相关的义务，不帮你的姨妈是不是你也觉得不舒服？不看你表弟成长起来是不是你也担心？这些周遭的朋友失去了是不是你也苦闷？

“这个世界上亲情的爱肯定存在，因为这样的爱存在，你才有

自我认识和亲情之间的联系。同样的，友情也一定是因为彼此之间的爱。你的成功让你越来越在家族和朋友里不可或缺，这个不可或缺是幸福、是成就，另一方面也是你无穷多烦恼的开始。

“小到你来我这儿，你不拿茶叶你会不舒服。其实我拿不拿到，不影响你我的关系，当然我依然是感谢的。”

不知道最终 Swamp 选择了如何帮助自己的表弟，也不太清楚面对朋友他有没有改观。但是后来再来的时候，不是每次都会送我茶叶，但如果送，一定是 Swamp 和我都会觉得很好的。

我觉得我和 Swamp 会成为很好的朋友。

爱在人的一生里，任何时候都不缺乏，爱不单纯是爱情，还有如友爱、亲情，父爱、母爱，对事物的爱、对自我的爱等等。怀疑这个世界上有没有爱，通常要么是曾经为爱受伤，要么是自己没有发现和感知爱的能力。

一个心智成熟的人，或是希望自己能够心智成熟的人，首先要做的不是怀疑是否有爱，而是如何培养自己对美的感知力，对爱的发现能力。你能感知人生最多的美好，也就能更多地感知到爱。感知爱和发现爱，是爱这个行动的一部分。

To interact：

1. 你是那条孤独的鲸吗？是不是永远在等待爱，等待你心目中唯一的爱；你曾经对你爱的人说过“我爱你”吗？找张纸，在上面写上喜欢人的名字，然后写上“我爱你”，会不会感觉很好？

2. 你怀疑过你的父母是否爱你吗？你是否验证过，他们确实不爱你？你验证过他们爱你吗？如文中尝试列表。

3. 社会角色是我们每个人都需要担当的，那你在家族环境里的角色是什么，你未来的角色是什么？没有这些角色或是扮演不好这些角色，对你有影响吗？

初恋有多美好，现在的爱情就有多糟糕

“复刻初恋”是静心小组的主题活动之一。流程大约是，各自先拿出自己的初恋经历分享，然后用一周左右的时间，将初恋里印象深刻的地方或场景再去游历一次，再次讨论的时候，重新讲述对初恋的认识，最好是能和初恋的人联系上，做彼此的探讨。

这个项目愿意参加的人不多，因为初恋对于大家来讲，要么是神圣而至真至纯的，拿出来分享总像是心灵赤裸裸的展示，自己都过不了自己这一关；或者初恋是心底永远的伤，通常大家觉得已经忘却没必要再把伤疤揭开，再一次地经受血淋淋的伤痛。但对初恋的复刻，是对爱重新认识的开始。将初恋看得过于神圣，或者是故意躲避，都会造成自我的缺失，甚至影响到未来对爱的认识。我们通常认为：充满爱的人，是安静而富有力量的。而“复刻初恋”也是为了能够安静温暖地活着。

Brier是敢爱敢恨、性格直爽的女孩子，笑起来眼睛弯弯的，生气的时候因为嘴角也翘着，倒显得生气也不那么正式。身材很好，但在服装上不那么炫耀身材，因为年少时参加过半专业的运动队，于是像弹簧似的充满弹性和敏捷的反应，像极了健身房的健身球，看似圆润却难于对付。

Brier能拿出自己的初恋分享,我倒是很意外。因为我本以为,她的初恋既不会多么难于忘记也不会带给她太多的伤，大约是我误解了她的性格吧。Brier 没有离开过这个城市，于是她的分享和重走历程都很顺畅，甚至最后她真的把自己的初恋找来了，让我可以相对完整地对她“复刻初恋”。

Brier 的初恋始于高中，因为热爱运动的原因，高中的 Brier 和家人基本都明白按照正常路子走，考上大学的希望不大，只能通过体育特长，看能不能增加点希望。这样，Brier 的高中生活和普通的朋友们就出现了很大差异，她需要更多的时间去训练，自然也减少了复习的时间。Brier 与同学们、朋友们的共同话题越来越少，身体因为锻炼而满身伤痛，重复的训练也让自己觉得没有尽头。然后 Brier 遇到了初恋，他是学校的学霸，成绩优秀却保持着孤傲和沉默。他们的相识在晚上的运动场。Brier 坚持训练，他也需要每天晚上锻炼身体，运动场的跑圈，孤独的两个人在休息时彼此开始了交流。他是不得不上大学，这既是家里的期望，也是自己成功所需要的；而她是无所谓的，但是大学总还是可以选择的目标。

后续的故事符合初恋的一切特征，懵懂、思念、诺言、温情、掩藏、得意、动力、小情调，每晚的交流，到后来的手牵手，甚至冬天夜晚的相拥,互送小礼物什么的。虽然那么多刻意的隐瞒,却得到了最快速度的传播，在双方父母及老师的严厉警告下，仅仅剩下了运动场上定时的出现和眼神偶尔的交流。及至高考完，Brier 被大学特招，而他在耐心地等待成绩，在双方父母都完全放松的时间里，他们也偷尝了禁果，并许下了爱的诺言，一生一世的诺言。

他刻意地考到了Brier大学所在的城市，虽然环境经历了很大的变动，但是他们如胶似漆地度过了新奇的大学第一年。第二年，他们逐渐莫名其妙地疏远了。Brier是社团的领袖，而他依旧是苦读的学霸。也没有谁有意识地说分开，走着走着就淡了，直至大学毕业，他们不约而同地回到这个城市。然后他工作升迁，娶妻生子，Brier却依旧敢爱敢恨地独自挥舞自己的人生。

“Brier，你去了你们过去的中学，觉得怎么样啊？”

“大变样了，运动场跑道都换成塑胶的了。现在看原来那个运动场好小哦！我们腻腻歪歪的那树，现在看起来还那么大。只是我都觉得害臊，那时候觉得躲在那别人就看不见，现在觉得那么显眼的地方，当时怎么想的啊？”

“那你还留着你们那时候的礼物没，他呢？”

“留着呢，只不过不多了。”他们的回答都差不多。

“大学你们分开是什么原因啊？”

“他呗。那学校那专业，除了学习，都傻掉了。”Brier说。

“Brier吧。她那时候风光得很，她是她们学校的社团明星，追他的学长学弟大把。”

“哦，你们从来没有这么交流过？”

“那个年纪的爱情，都是这样的啊，谁还交流啊。我们都是心有灵犀的。”

“Brier，那你现在追求的爱情也是这样？所以你还没有遇到新的恋情？”

“或许吧，爱情不应该就是这样的吗？”

Brier的初恋像每一个人的初恋一样美好。初恋是当明白这个世界除了亲人、朋友、陌生人之外，还有因为荷尔蒙开始滋生，搞得心神不宁时，唯一可以让自己安静和痴迷的东西。从心理学角度讲，初恋是证明存在感的另外一种方式。彼此的爱恋，让自己有了人生自我选择的目标，也开始寻找自己和世界的联系，甚至认为只有恋情才能证明自己的存在，才说明自己开始独立了。

及至大了些才明白，恋情只是人面对世界需要处理的一种关系而已，自己的存在和人生，还需要更多的途径和方式去实现，初恋就慢慢地走远了。初恋的时候，爱情就是生命的全部。当明白爱情不是人生的全部时，初恋要么悲惨地结束，成为心底永远的伤；要么就封存在记忆里，用来讲述初恋有多么美好。这时候的初恋不再是一段记忆，而是内心的一种状态，已经和记忆里的真相无关了，完全成了一种幻想的状态。

Brier觉得她的初恋是不妥协的结果，于是会一直沉迷在初恋里，对看着不那么有力量的、成年后的爱情嗤之以鼻，甚至觉得功利得让自己厌恶。初恋成了继续获取爱最大的障碍，而她初恋的人，却按部就班地行进自己的人生。Brier的初恋让她成长了，却在成长之后禁锢了她。初恋无限美好，之后的爱情都似乎被Brier定义成了世俗和交易。初恋让她更好地面对世界，充满力量和温暖，却在初恋失去后，成了冰冻自己爱的罪魁祸首。

当我们“复刻初恋”的时候，不管是温暖还是悲伤，我们总会承认，初恋让我们成长了，让我们更明白这个世界的模样，不单纯是因为我们还不懂得性、不懂得趋利避害，或是不懂得爱应该是什么样，而是初恋让我们懂得除了那些我们认为理所应当爱我们的人

之外，我们还可以得到新的爱，也可以付出我们的爱。这是初恋的意义，也是初恋给我们昭示的结果。而初恋之后的爱情，需要我们明白如何在爱情里成长自己，把任何一次的爱情，都变成自己一个成长的经历。

Brier 终于面对了“复刻初恋”的课程，当真正能面对初恋的时候，或许她未来也能真正面对自己的爱情。

别人的是爱情，自己的是悲伤

Alice定期会寄给我她编辑策划的书，我们也就抽空聊聊各自的生活。

Alice是一个对爱充满幻想、充满憧憬的人，有着小女生对爱最纯洁的想法，像是守护着不老泉的精灵，因为害怕泉水被取走就会变少，也怕取水的人不虔诚而去挥霍，所以似乎需要通灵的密码和神奇的魔力，才能让她接受和点头应许。

我给她分享过克里希那穆提（Krishnamurti）的一句话："爱是没有界分的，你无法在缺少爱的情况下逐渐发展出爱，你只能毫无选择地觉察自己有没有在爱，然后才可能得到转化。"可能是太玄虚，她很不以为然。

Alice很执着地认为，属于她的幸福一定能来到，只要自己足够好。Alice自小对名著和古诗词沉迷，爱情观古典而优雅，在被言情小说毁了几年后，连性这个东西她都觉得多少有点儿和爱冲突。她虽然没有幻想到自己是那个沉睡的公主，需要王子的吻才能唤醒，但依旧是那个守护自己爱情的精灵，钥匙在自己的手中，需要合适的人她才会拿出来。我开玩笑说，Alice的爱情在书本和梦里，她却斩钉截铁地说爱情一直在她心里。

东方思维里，爱是个纯洁无比的情感。西方倒是早如莎士比亚说的，“爱情不过是一场疯狂”。到了现代，稍微研究过心理学的人都知道，主导人类产生爱情感觉的物质是多巴胺，多巴胺给人的感觉，类似于毒品上瘾，这或许才让那么多的男女为之疯狂，感受无穷的痛苦愉悦。这个倒是很符合培根说的：“爱情和智慧，二者不可兼得。”

但人是比动物更复杂的生物，语言、服饰、气味、形体，甚至来自对方的信息，包括自己心里的思念，都会诱使身体产生多巴胺。于是，因为自身的愉悦感和上瘾，似乎是自己让自己坠入了情网，不能自拔。因为性产生的，或是因为情感，或者因为其他内在外在因素产生的情感，没有高下之分，爱情都来临了。柏拉图的爱情观，或是新时代的爱情观从本质上没有什么区别。禁欲者和纵欲者都需要承认爱情永远存在，你只能确认是不是爱情，却不能消灭爱情，或是认为爱情不存在。

很多人把爱与欲望画上等号，只拿生理的愉悦解释爱情的存在，甚至把爱情等同于能产生多巴胺的事物，如美食如运动。有些却把爱情当作最神圣的情感，抛弃了一切外在的因素，成了精神的需求和空中楼阁。也有太多的导师将爱情神化，把彼此吸引的状态描述成欲望的发泄，界定为根本不是爱情，这样的教育也让我们离爱情越来越远。一个错误的认识，又怎会有一个好的结果呢？于是，我们一边羡慕着别人的爱情，却让自己不停地收获悲伤。

爱情有时候像是吸引和共鸣，像磁铁的两个极，彼此有看不见的力量让彼此靠近；或是如物理学的音叉，遇到相同的频率，而且需要一方在振动中，才会感应般的开始回应。Alice排斥那种认为男女之间的吸引单纯就是性吸引的说法，于是她只追求能和对方心照不宣共鸣的感觉，但她却保持自己不先振动，仅仅等着对方的鸣响。虽然渴望自己的爱情如别人的爱情一样美好，却在美化爱情的同时，也在失去爱情的可能。

我建议Alice，别把爱情当作一个结果，而是当作一个开始。爱情不是她守护的不老泉，也不是能打开她心扉的钥匙。爱情是自己在享受自己的人生里，弹奏美妙音乐后，吸引来的合奏者。而美妙的音乐不在于音乐是什么类型，而是可以带给自己愉悦就好。对面带给你爱情的是一个人，不是一个只会某一种调子的冰冷的音叉，或是仅仅因为吸引而与你纠缠不已的磁铁。

泰戈尔有首优美的诗：《我们的爱情单纯如歌曲》

两手相挽，凝眸相视；
这样开始了我们心灵的纪录。
这是三月的月明之夜；空气里有凤仙花的芬芳；
我的横笛抛在地上，而你的花环也没有编成。
噢，你我之间的这种爱情单纯如歌曲。

你粉色的面纱使我醉眼陶然。
你给我编的花环像赞美似的使我心醉神迷。
这是一种欲予故夺、欲露故藏的游戏；
有些微笑，有些娇羞，也有些甜柔的无用的挣扎。
噢，你我之间的这种爱情单纯如歌曲。

没有超越现实的神秘；没有对不可能事物的强求；

没有魅惑后面的阴影；没有黑暗深处的摸索。

你我之间的这种爱情单纯如歌曲。

我们并不向空虚伸手要求超乎希望的事物。

我们所给予的和我们所得到的都已经足够，

我们不曾贪欢过度不致从欢乐中榨出痛苦之酒。

啊，你我之间的这种爱情单纯如歌曲。

爱情是首歌曲，我们就应该是乐器，才能弹出这样的旋律。彼此吸引是爱情，共鸣是爱情，但完美的爱情应该是一首优美的歌曲。把吸引当作性欲或是欲望，陷于索取身体愉悦的深渊，不是爱情；同样，仅仅把爱情当作一个结果一扇门，等着别人来发现和开启，同样也不是爱情。而追求爱的过程，也是让自己变得更美好，可以让自己的人生足以弹奏更美妙的乐曲，也可以和谐地与所爱的人合奏和谐的旋律。

这次有关爱情的讨论快要终结的时候，我给 Alice 讲了一个小故事：

一个男人去买车，他带着他的狗去，看到一辆红色的车，他说：这就是我要的车。但是他的狗反对，他灰溜溜地走了。

第二天，他带着他未婚妻的母亲来看车，他高兴地对她说："我就要买这辆红色的，这才是我梦想的车。"但是他未婚妻的母亲反对，他灰溜溜地走了。

第三天，他带着他的未婚妻来看车，他兴奋地对她说："亲爱的，这辆红色的车和你一样漂亮。我要这辆车，我爱死这辆车了，其他的车都是垃圾。”但是他的未婚妻也反对。

过了一周，这个男人独自来了，买了那辆红色的车，老板问他：“你的狗、你的爱人、你爱人的母亲都反对，你为什么还要买呢？”

“我把我的狗送人了，因为它不爱这个车，就是不爱我。

“那个女人不再是我的未婚妻了，因为她不爱这个车，就是不爱我。

“这个车才是我最爱的，因为我爱它的时候，它也恰巧爱我。”

彼此融合、创造新生的才是爱

《你为什么还单身》《他其实没那么喜欢你》《嫁给他：一个嫁给绝世好男人的真实经历》和《男人为什么喜欢贱货？》之类的书籍很受欢迎。甚至日本还有所婚姻学校，学生们能在里面学习当新娘（新郎）的一些技巧和方法，帮助他们克服一些与长辈、后代的沟通问题，让新婚宴尔的人们学会友好地相处，过上更加幸福的婚姻生活。除了准新郎之外，该学校也向单身人士开放，教会他们怎样去捕获对方的心，找到自己心仪的对象。

“婚内恐慌症”现在很普遍，我的朋友 Wolf 即如此。

Wolf 是我大学的同学，先是在“世界五百强”的企业里打拼了几年，出来换了几份工作，最后出来创业，开了个西餐厅，但也被市场搞得没脾气，间或连中式简餐和茶都添加上了。我开玩笑说 Wolf 是“怨妇”，生活在旁人看来很值得羡慕，房子换到了 Townhouse，车也是新款的 BMW，但每次见面总是不停地抱怨生活。但他的餐厅环境着实不错，我们可以喝着茶聊一整天。

北方夏天的阳光很直接，热情得让人很想躲避，我去 Wolf 的餐厅去讨杯茶喝。

Wolf 近期的郁闷集中在两点：第一随着餐厅收入的增加，

自己也越来越忙，家里照顾得不是很好，被媳妇孩子怪罪。Wolf的性格又是很担当，不希望自己的家人被自己的事业打扰，所以总是觉得不被理解也无处申诉。第二可能年纪到了，自认为还算有魅力，周边多了很多的追求者，而且似乎都很能抚慰自己受伤的状态，让他觉得硬撑着很辛苦，觉得不定哪一天自己都会滑向那些女人。

Wolf和他的妻子都是原先那个“五百强”企业的，在那里认识，在那里结婚。在Wolf决定出来闯的时候，两人约定让妻子安稳地待着，Wolf出来闯，这样是最保险的方式。Wolf也没让妻子失望，现在已经让妻子成了全职太太，第二个孩子也出生了，生活富足而安稳。但是过去，夫妇俩还能有共同语言，现在连沟通似乎都不在一个频道。而越是如此，Wolf越觉得自己的事业不能和家里人多分享，希望他们能活在伊甸园般的家里，这才是他能给予家庭最大的幸福。

而Wolf遇到的那些美女们，我总结三分之一是萝莉爱大叔，三分之一是寂寞党彼此邂逅，三分之一是彼此真的有共同语言。Wolf坚守得很辛苦，就这妻子的怀疑还是有。Wolf有点儿有苦说不出的燥乱，有一段时间酗酒，一段时间搞收藏，一段时间疯狂做驴友，病没治好，还更加绝望。

“我该怎么办？”Wolf总是如此地问，其实问的语气，都能感觉到他不指望能问出点什么。

“我努力地给家人幸福，倒不介意他们觉得这些都理所应当，而是介意为什么那样不理解我或是怀疑我。

“也如你所说的，我清楚地知道，很多女人是来我这不管耕耘，只管摘桃子的；也知道很多人就是为了填补寂寞空虚的。但我也寂寞空虚啊，我怎么办？

“我也知道，外面女人的优点一定是我妻子的缺点。否则她们也吸引不到我，这个说白了和机会成本、沉默成本一回事，但我还能如何呢？

“真的有很多女人，她真的能理解你的状态和问题，不像我爱人，在‘五百强’待久了，脑子都僵化了，现在天天在家，更是如此，你说我怎么办？还是如大家说的，少年夫妻老来伴，我再熬上几十年也就见证爱情了？”

Wolf这样的人在现代社会太多了，过去几十年社会高速地发展，每个人都经历了其他国家或文化背景下，几百年需要做的事情。社会阶层和每个人需要扮演的社会角色在随时变动，我们能顺势应境地改变自己，适应社会是那么不容易。自己为之做出努力了，还能被社会认可，已经是筋疲力尽的事情。每个人都有无穷的烦闷和伤痛，没有人倾诉，还要每天继续走在努力的路上。但自己拼命换回来的财富和成就，或许最亲近的人感恩或觉得理所应当，但总是觉得他们永远不理解自己。而作为强人也永远是把光鲜留给外界，悲伤留给自己，真到了哪个人触动了自己内心最柔软的部分，自己只会在歧路上越滑越远。

而Wolf的妻子同样会抱怨，为了Wolf和家庭，她放弃了自己的发展，放弃了小有所成的事业，为了孩子几乎放弃了一切。在Wolf看着成熟而充满魅力的同时，自己却年华逝去、无从寄托。越来越敏感而神经质，自己都觉得自己有强迫症，强迫孩子、强迫丈夫、强迫自己，让生活过得一团糟，家成了外表光鲜的宫殿，里面的冷清和岌岌可危谁又能看得到?

过去我们通常会把问题归结于社会原因，或是夫妻沟通问题；将婚姻的失败，怪罪于欲望导致的变心和自制力不足，很快就上升到社会问题和道德问题的层面，然后鞭笞外界的诱惑无耻，个人的道德水平低下，甚至界定为外界社会的堕落，感叹还不如当初不那么追求成功。但现代心理学更愿意相信，因为家庭分工的不同，造成彼此不再参与到对方的生活里，家庭分工造成的机械式的生活，互相不再分享彼此的生活和进步，信息不对称也造成了彼此的隔阂，这些才是导致问题产生的关键。

Wolf从头至尾，很少让妻子参与到自己的工作和事业里，开始是怕妻子干预，逐渐是觉得妻子根本就没法儿帮助自己，也只会让妻子更多地担心。而Wolf同样将家庭的生活完全地交付给妻子，将事业和家庭对立起来，甚至拿着事业的借口，越发不去分担自己家庭角色应该承担的责任。而Wolf的妻子，越是觉得Wolf对家庭的贡献度大，为了寻找心理上的平衡感和支配感，越是把自己的付出强化和夸大，让自己更郁闷于自己现在的存在状态。同时，Wolf的妻子也放弃了自己的成长和进步，把当初的选择当作Wolf必须继续爱自己的砝码。他们两个陷入了“选择分工－拒绝对方参与－夸大自我付出－埋怨怀疑对方－继续担当分工”的死循环里。

Wolf需要建立和妻子分享工作的途径和方法，同样也需要参与到家庭生活的点滴里，有可能的话再努力建立属于两人的学习和沟通途径。我建议Wolf公司每周的例会，在会上进行详尽的数据分析，他的妻子参加，只是参加但不发言。而Wolf，日常要参与到家庭的生活里，晚餐要成为一场信息讨论会，睡前和妻子一起做静心冥想运动；与妻子定期参加一些培训班或是旅行，让彼此的信息交流能有共同的兴趣点。

爱不是为了分工的。婚姻里的爱也一样，家庭本身是爱融合后的产物，是新生的产物。既然是新生的，融合的，自然既有个人的特点，又会不停地成长直至成熟。将分工当作一成不变的，将融合当作固化的过程，婚姻的问题就成了挥之不去的梦魇。而融合和新生都需要我们参与到对方的生活和工作里，不是干预而是分享和参与，也需要我们不停地提升自己，让自己在爱里成长，并让爱继续成长。

Wolf逐渐不再是一个“怨妇”，他的妻子也显得时尚了很多，不知道是我的建议起了作用，还是他们的生活进入了另外一个阶段，但我希望这仅仅是一个开始而不是一个结果。

爱本身是提供让自己变得更好的力量，我们很容易分辨是不是真的爱，就是是否让自己变得更好。

但我们经常因为自己的固执和自以为是，失去了爱的机会。初恋的纯洁，影视剧或书本上的故事，都会让我们对爱既趋之若鹜又求之不得。也有的爱，只活在过去里，不管是婚姻里的还是生活里的，我们拒绝为爱改变，拒绝面对现在的生活。或仅仅是把爱当作一个结果，没有当作一个开始，没有当作一个新生。

当我们学会感知美，然后学会感知和感受爱之后，就需要明白爱是学习爱自己、爱别人，最重要的是开始改变自己。

To interact：

1.复刻自己的初恋，比照自己之后有多少的恋情和对初恋的认识有关，是刻意不同还是刻意相同?

2.你会不会把你恋爱的对象进行数据化的分析，必须如何才是你的爱人，是必须什么样的人才会让你拥有爱情，还是开放的心态会获取更多的爱?

3.列出你和妻子（丈夫）的隔阂，多少是因为环境的变动和职业的变动造成的，是否可以融合，自以为正确的家庭分工，因为环境的变化是否有所调节？又如何调节呢？

寄生的爱

夏天夜晚的一个酒吧里，经 Shadow 介绍，我认识了她的丈夫 Libra。

Libra 是个典型的天秤座男人，优雅、才气、英俊，还有些小小的羞涩，得体而随意的服装，洁净而讨人喜欢。聊了两句其他的，Libra 有点儿张不开嘴，于是我扯到他们的事业上。Libra 开始滔滔不绝起来，甚至最后 Shadow 脸上已经出现了倦怠和嗤之以鼻的表情，他依旧沉醉在自己的梦想里。我感觉他说的更接近梦想而不是现实，但这或许是天秤座的通病。

我注意到一点细节，Libra 在 Shadow 在场的时候，是拘谨甚至有点儿胆怯的，说几句会下意识地瞥一眼 Shadow。在 Shadow 出去和朋友们聊的时候，在我面前倒是滔滔不绝。只是在 Shadow 不停地否定他或是指正他的错误时，他才会脸憋得通红，有点儿严厉地对待 Shadow。就这样，Shadow 依然会在下一次的时候打断他或对他不屑一顾，偶尔还旁若无人地秀秀恩爱。

后来我和 Libra 成了很好的朋友，偶尔他会到我这来喝下午茶。我们是同一个星座，他也基本很完美地体现了星座特点，优雅而充满犹豫，而我被他开玩笑说一定是我父母把时间记错了。

后来大致了解了他们的结识、过去的经历和现在的状态。按照 Libra 说的，是 Shadow 看上了他的才气和英俊，自己则是奉子成婚；与 Libra 说的不同，按照 Shadow 的说法，是曾经借钱给 Libra 做生意，钱要不回来，也不能人财两空。我多少当笑话听，在我看来，无非是两个觉得彼此都不错的人，多多少少因为所谓的事业结成了婚姻，这里面最纯真的爱才是关键。

后来两人从零开始做自己的事业，因为没有太多的学识和社会经历，磕磕碰碰，风雨同舟，中间的凄苦难耐或许只有两个人自己知道。后来企业做大了，也请了职业经理人。只是在企业做大的过程中，Libra 和一个员工搞得不清不楚，Shadow 出乎意料地忍了几年，让 Libra 觉得其实自己还是企业、家庭的主导者。Libra 也担负起了公司二次创业的重任，Shadow 也乐得清闲，宣布自己要享受生活，开始享受自己的人生。

但结果很不好，Shadow 享受自己的人生很不成功，觉得做什么或是学着做什么都三分钟热度，过后就觉得无聊；而 Libra 失去了 Shadow 的辅助，公司也是一塌糊涂。于是，两个人很快就回归到最初的状态，虽然随时地争吵和埋怨对方，却必须肩并肩地继续熬下去。

Shadow、Libra，在外人看来是搭配很好的夫妻，像极了那首《藤缠树》的民歌：

山中只见藤缠树，世上哪有树缠藤
青藤若是不缠树，枉过一春又一春
竹子当收你不收，笋子当捡你不捡
绣球当捡你不捡，定留两手捡忧愁

连就连，我俩结交定百年

哪个九十七岁死，奈何桥上等三年

但实际情况呢？Libra在Shadow眼皮子底下出轨，而Shadow却死死控制着Libra，让Libra成了瘸腿鸭。Shadow坚守住了名义上的夫妻，却容忍着Libra的近距离出轨，而Libra的出轨似乎不是为了感情，也仅仅是为了抗争Shadow对自己守财奴般的占有。

这让我想起一种植物——薇甘菊。

薇甘菊是世界上最具危险性的有害植物之一，是多年生藤本植物，已列入世界上最有害的100种外来入侵物种之一。在中国，薇甘菊主要危害天然次生林、人工林，主要对当地6～8米以下的几乎所有树种，尤其对一些郁闭度小的林木危害最为严重。薇甘菊生长快速，茎节可以随时生根繁殖，快速覆盖，能快速入侵，通过竞争或攀附缠绕作用抑制自然植被和作物的生长。薇甘菊严重威胁木本植物，如可可、茶叶、橡胶、柚木等。甘菊的蔓延特点是遇草覆盖遇树攀缘，严密覆盖在灌木、小乔木及至十多米高的大树上，形成一个个绿色的“坟墓”。植物由于缺少阳光、养分和水分，光合作用不能正常进行，最终死亡。因此，薇甘菊有“植物杀手”“绿色杀手”“美丽杀手”之称。

Shadow对Libra的爱，因为父母离婚的创伤，造成Shadow把Libra看作是一件东西而不是一个活生生的人。Libra是Shadow自己拥有的东西，别人不能碰，因为是她自己的东西，所以她可以随便处置，哪怕是坏在她的手里。Shadow也不遗余力地告诉周边任何一个人，她能很好地控制住Libra，她决定着

Libra 头顶的阳光和蓝天的大小，以及何时出现。而 Libra 唯一的抗争，不是如何让自己更完美、更优秀，而是在 Shadow 最在意的夫妻忠诚上给予 Shadow 最大的伤害，用来反击一天比一天更紧的禁锢。而习惯了禁锢和遮挡，真让 Libra 自己去迎接外界的风雨时，自己却又显得营养不良、脆弱难当。他们彼此纠缠，彼此觉得伤害，却又彼此离不开对方。薇甘菊和树木的互相伤害每天都在他们之间上演，却谁都无力去解开这个死结。

我曾经劝过 Shadow，告诉她，如果她想让一个男人像个男人，就要在外面让他像个男人，你不能指望你做得已经让他不像个男人，还要求他承担男人的担当。至于 Libra，只是简单地劝他学点东西，瘸腿鸭在什么地方、什么时候，都别指望能如树木般站立，看似你在不停地抗争 Shadow，但其实你最离不开的一样是 Shadow。

Shadow 的人生在余下的日子里，依旧是薇甘菊般的紧紧扼住 Libra，而 Libra 如果余生的目的不是自己能长得多高，而是只一味地去杀死薇甘菊，未来的两败俱伤只会是唯一的选择和结果。

我们在爱里从来不会承认我们不努力，但我们的努力和付出为什么总是不停地伤害到自己爱的人，或是自己呢？除了我们不为爱主动改变之外，或许就是，我们的努力不是为了让爱更好地成长，而是占有对方，把对方当作自己的一件东西，一个可以攀附的树木。为爱努力，是让自己更加优秀，让婚姻变成一个自给自足的环境，个体能成长，也能抵御外界的侵袭。

除了那个薇甘菊的故事之外，我还给 Shadow、Libra 摘抄了小丑鱼和大海葵的故事：

南海地区生活着一群素有“小丑”之称的鱼，它们属鲈形目雀鲷科双锯鱼属，其身体色彩艳丽，多为红色、橘红色，体长仅五六厘米左右。因为双锯鱼类的脸上都有一条或两条白色条纹，好似京剧中的丑角，所以俗称“小丑鱼”。

小丑鱼喜群体生活，几十尾鱼儿组成了一个大家族，其中也分“长幼”“尊卑”。如果有的小鱼犯了错误，就会被其他鱼儿冷落；如果有的鱼受了伤，大家会一同照顾它。可爱的小丑鱼就这样互亲互爱、自由自在地生活在一起。但是自然生活中却时时面临着危险，小丑鱼就因为那艳丽的体色，常给它惹来杀身之祸。

海葵属无脊椎动物中的腔肠动物，广泛生活在浅海的珊瑚、岩石之间，多为肉红色、紫色、浅褐色。在海葵的触手中含有有毒的刺细胞，这使得很多海洋动物难以接近它。但由于行动缓慢，难以取食，海葵经常饿肚子。长期以来，小丑鱼与海葵在生活中达成了共识,每天小丑鱼会带来食物与海葵共享；而当小丑鱼遇到危险时，海葵会用自己的身体把它包裹起来，保护小丑鱼。像它们这种互相帮助、互惠互利的生活方式在自然界称为“共生”。

Shadow、Libra 却认为他们的爱，他们的婚姻就是如此，这让我很是郁闷。或许，未来 Shadow、Libra 会带给我们更多的故事吧。

“断舍离”的爱情

阅读小组里有很多的宅男宅女。按照最新的说法，“宅”本身就是性别的一种，是独立于男性、女性之外的另外一种社会性别。我周边的都不是“御宅”或是英伦范儿的“NEET”，也不是简单的爱好、生活观念或生活习惯问题，我更相信他们多少有点儿社交恐惧症、焦虑或是烦躁。于是，有时候阅读小组偶尔会在延伸阅读之外，多点对现在生活的探讨。

这个夏天我推荐阅读的是《断舍离》，大致是瑜伽观念的现代用法，是把对物的需求欲望，转换成诘问“我需不需要”的内观法。这很符合东方哲学，“一切事物的根本还是内心”的思想。断 = 断绝不需要的东西，舍 = 舍弃多余的废物，离 = 脱离对物品的执着，这方法对宅男宅女很合适。他们普遍对周遭的物件是否需要比较糊涂，有时候购物都成了刷存在感的事情。环境的整洁有序和事物的舍离，也会很好地引导他们走出现有的状态。

“爱情不是事儿，婚姻才是事儿。因为不是事儿，爱情也就可有可无；婚姻是个事儿，那就是个‘需要不需要’的大问题了。”Lotus 是阅读小组里的“恨婚”族，也是网上交友、相亲网站的 VIP 会员。

“现学现用啊，那你觉得为什么爱情不是事儿，婚姻才是事儿呢？”

“爱情是缘分，该来的时候就来了，来了就享受，该走的时候就走了，你想留也留不住。婚姻不行，要合适，要能走得长远，比如我注册的相亲网站，有费用，有明确的数字标示的条件，大数据都能算出来合适你的人。”

“大数据，似乎很厉害的样子啊。那数据有权重不同，有计算的公式没？数据算出来的，就是合适的对象？”

“德老师，你怎么不明白呢？门当户对是婚姻的基础吧，合适的数据代表他的过去现在，还多少能代表他的未来吧。那婚姻如果是个经营活动，自然需要数据的支撑啊。就跟你推荐的《断舍离》，我要明白什么是我需要的啊！”

“断舍离不是这么讲的吧，真正要你明白的是什么是你‘不需要’的，而不是明确你‘需要’的。经念歪了可以，事情不能做歪了。”

网络时代，我们的信息多了，圈子小了，活生生的人很容易就被数据所替换和标签，网络上的你，根本就是个数字的集合。这样的观念，自然也影响到现实生活里。社会上还没有延续几年的自由恋爱风潮，经由数据或是交友相亲网站，又变成了另外一场包办的爱情。Lotus 经过无穷多次的恋爱，却从来没有收获一场值得的婚姻，而最终将婚姻寄托在相亲网站的数据库上。我看过她的注册资料，真实而客观，包括她的要求，也很是中规中矩，没有幻想也脚踏实地。她也获取了足够多的选项，也无数次地相亲和面谈，但爱情不是事儿的时候，婚姻就成了事儿。面对冷冰冰的数据，无论她觉得多么契合，她和对面的人，似乎就像两个交易的商人，对彼此的货品评头论足，然后寻找可以交易的价值点和价位，似乎要成就一段婚姻或是爱情，总有人需要妥协和屈尊。Lotus 超级不喜欢这个感觉，而那种数据完美匹配的，却让人总是疑惑，觉得自己为什么不能卖个更好的价钱。

从心理学角度讲，每个人对自己拥有的东西，通常估价较高，而对别人拥有的通常估价较低，这个在二手产品交易的时候经常会被遇到。而在交易心理中，我们为了获利，首先要做的一定是降低对方的价值，抬高自己的价值，在交易中产生有利于自己的利益。而最终决定价格的，不是双方对价值得到共识，而是第三方或是更多的交易方参与、竞争的结果。Lotus 注定在相亲网站上一无所获，哪怕她那么认真地分析数据，而且是个 VIP 客户。她把爱情和婚姻当作数据吻合的结果，将自己当作商品明码实价，而且对交易充满了获利的欲望和冲动，自己又觉得自己价值很高，这样的话，爱情和婚姻都会绕道的。

没有谁会说“我不需要爱”，这个是连《断舍离》都没有敢于去说“我不需要”的，但我们总是会把婚姻和自我扔到人生的交易场里，一方面自恋地将自我的价值无限夸大；一方面像一个最纯粹的生意人一样，在交易场上寻找猎物和交易的对象。然后寻找到合适的对象，就期望通过自己的包装迷惑对方，获取自己最大的利益，在大家都对某个猎物感兴趣的时候，自己不是想着怎么提高自己的价值，而是想方设法贬低对手的成色，甚至拒绝让商品流通。渴望爱的人，却让自己变得更差，也让对方变得更差。想想我们的周边，有多少人的爱情和婚姻是如此呢？

“断舍离”看似是让我们抛弃我们不需要的，然后明白我们需要的，其实是教会我们明白真正需要的，而抛弃掉不需要的。当需要婚姻的时候，或许需要那些数字的吻合，当你需要爱情的时候，那些数字起码看起来不那么重要。**“断舍离”让我们更多地关注到我们的当下，关注到我们现实需要的，关注到我们能获取什么。**

Lotus需要明白，她要的是有爱情基础的婚姻，不是网站上冷冰冰的数字和美化后的照片和语言。人生的感悟不代表人的全部，数字也如此。Lotus的婚姻需求看似那么现实和紧迫，却一直在交易面前不停地犯错。没有爱的幻想，却有交易的幻想。“断舍离”对于她只明白自己需要的，而且还是自以为需要的，却还是不明白自己不需要的。或许哪天她不再纠结于自己需要的，才会步入爱的殿堂吧。

最后我和Lotus共同分享了一则小故事：

杰克就要和莎拉喜结良缘了。杰克和莎拉都是镇上富翁的孩子，大家都一致觉得门当户对，天作之合。

杰克带莎拉去城里最大的珠宝店选结婚戒指，莎拉试了很多个，都不是很满意。两个人都很郁闷。

店主人不想错过这个大客户，于是来到他们面前：“多么般配的一对儿啊，多么幸福的一对儿啊，你们那么漂亮和英俊，一定需要最好的珠宝才能配得上。”

“可是，我们选不到我们心爱的、配得上莎拉的钻戒啊。”杰克和莎拉很伤心。

“哦，这是个最简单的事情啊，你要问问自己，你拥有的

钻戒，你拿这个钻戒来干什么。要是为了增值，那就选这个；要是为了好看，就选这个；要是为了见证爱情，选这个就对了……”店主人滔滔不绝。

“你说什么？我拿这个来干什么？”杰克大声问。

“对呀，你拿这个来干什么啊……”店主人很疑惑。

杰克一言不发回了家，告诉父亲，他不能和莎拉结婚了，原因只简单到他不知道这个婚姻可以拿来干什么……

爱需要全神贯注

Angel 是天主教徒，因为笃信有主的庇护和关爱，对带有明显东方哲学色彩的静心冥想，一直不是很认同。她的泛爱精神和坚持真理的决心，偶尔也会激发她跟我讲静心的错误和爱的真谛。

“我们都是神的孩子，我们应该时刻提醒自己，因为我们是神的孩子，神爱我们，我们应该爱神，那样我们才能爱别人、爱自己。静心却要求忘却自己，什么都不去想，又如何去爱自己、爱别人呢？”

“《圣经》里有爱的箴言，又是什么呢？”

“爱是恒久忍耐，又有恩慈。爱是不嫉妒。爱是不自夸，不张狂；不做害羞的事，不求自己的益处；不轻易发怒，不计算人的恶；不喜欢不义，只喜欢真理；凡事包容，凡事相信，凡事盼望，凡事忍耐。爱是永不止息。”

“这里提到爱自己了吗？提到爱神了吗？提到爱别人了吗？”

“……”

于是，我给她讲了一个故事：

菲比是个女孩子，她虔诚地侍奉神。菲比坠入了爱河，与一个青年热恋了。

菲比感到深深的愧疚，觉得自己祈祷的时间没有以往多了，忏悔也少了。她决意向神忏悔，祈求神的宽恕。

“主啊，我恋爱了，但我太多的时间和心思在他身上，我忘了主才是我们最应该去爱的。我祈求主宽恕我。”

“我早忘了你的不好，我怎么宽恕你呢？”主回答道。

“我应该记住我是主的孩子，我的一切应该是侍奉主，然后才能去爱自己爱别人。”

“如果我造了你们，仅仅是为了让你们爱我，那我又何必造你们出来呢？”主有点儿生气。

“主，世间的万物告诉我，你是爱我们的啊，难道我不应该爱你吗？”

“我爱你们，就像我爱自己一样，但我爱你们，也是让你们去爱自己和爱万物啊。”主觉得这个虔诚的女孩儿有点儿奇怪。

“可是我做不到在爱他的时候时刻想着爱主啊，我还是祈求主能宽恕我。”

“你爱他的时候还能想着爱我，那就不是爱了。我无处不在，我就是万物，你爱他的时候就是在爱我。”主怜惜地回答道。

“那主，您允许我爱他，并接受我爱他吗？”

“孩子，你爱他，就是爱我，就是爱你自己，但要全神贯注地爱。”主说道。

“我爱他，怎么是爱自己呢？他爱我也是爱自己吗？”

主沉默了，菲比再也听不到主的声音。

Angel是个有信仰的人，这在现代社会里是值得快乐的事情。

对信仰的虔诚，让她更热爱这个世界和自己的人生，但这样的信仰却让 Angel 在爱面前感到无力。Angel 如故事里的菲比一样，认为爱别人爱自己是爱主的副产品，只有爱主，才能有爱自己和爱别人的可能。

生活里一样，Angel 去爱世间的一切万物，爱自己的亲人、朋友、陌生人，是因为自己的虔诚，是侍奉主的结果，是主的恩赐。Angel 也宽恕那些对主不敬的人和事，宽恕那些人性的罪恶。于是，她成了主的影子，她也如菲比一样无法去爱。因为，全神贯注的才是爱，而真的全神贯注地爱了，她们又觉得这是一种罪过，需要向神祈求宽恕。

我们只有在享受爱的时候才去关注爱，我们并没有全神贯注地为爱付出，这是我们永远得不到爱的原因。Angel 的信仰，让她认为爱是一种结果，是苦难人生换回来的快乐和愉悦。正因为这样，她不能全神贯注地享受属于自己的爱，在渴望爱的同时，也远离了属于自己的爱。

我们周遭很多人，把爱当作快乐或是幸福的副产品，或是责任带来的结果。我是父亲母亲，于是我爱我们的孩子；我成年了，于是我要结婚生子，所以我爱我对面的人；因为我们是夫妻，所以我们要彼此相爱；如果爱带不来愉悦和快乐，或是带不来幸福，那就不是爱；如果爱带不来利益，同样不是爱也不能爱……于是，我们不是在爱，而仅仅是在想享受爱的时候才去关注爱。

当把爱当作上天的赐予，那自我也就不存在爱，这是个爱的悖论。感知爱的是自我，而爱本身是自我感知、努力付出的结果，不是谁赐予的。“命运没有义务带给你爱的邂逅，生活也不是由爱组成的幸福河流”，爱不是你去爱别人、爱万物、爱你的主之后交换来的，或是主念在你的虔诚而赏赐给你的。而是，**爱是你去爱自己，爱万物，学习和拥有的能力。当你问你有没有可能获得爱的青睐时，最应该问的是你有没有爱的能力，有没有为爱付出，把爱当作当下的快乐。**

Angel 要求自己爱的人必须是天主教徒，也必须对主有无限的虔诚，她需要他的爱人去爱自己的家人、爱自己的朋友、爱自己的生活、爱自己的过去、爱自己周边的一切，然后才能证明他是爱着自己的，他才有权利去爱 Angel。清教徒般的要求，吓退了太多爱着 Angel 的人。但她却忘了，爱仅仅是对面的这个人和自己彼此相爱，而爱其他的是彼此爱之后的结果，正是彼此相爱，才有了爱其他人或事物的动力和能力。

有一首纪伯伦的爱情诗，让我们明白爱的能力，当下的爱：

爱情是一个光明的字，
被一只光明的手，
写在一张光明的纸上。

爱情是情人之间的一层面纱。
不肯原谅女人细微过失的男人，
永远不会享有她那美好的德行。

爱所给予的，只是他自己；
爱所取的，也只是取自他自己。

爱不占有，也不会为人所占。
因为爱身是自足的。

情人只拥抱了他们之间的一种东西，
而没有真正互相拥抱。

留下一点儿空间，让天风在爱之间舞蹈。
彼此相爱，但不要让爱成为束缚。
让爱成为灵魂两岸之间流动的海洋。

斟满彼此的酒杯，但不要同饮一杯。
把你的面包给对方，但不要吃同一个面包。
一同唱歌、跳舞、欢乐，但要保有自我。
就好像琵琶的弦是分开的，但同奏一首曲子。

献出你们的心，但不要把自己的心交给对方保管。
要站在一起，但不要挨得太近；
因为庙宇的支柱是分开竖立的，
橡树和柏树也不在彼此的阴影下生长。

在我们能感知爱、学习爱之后，我们读懂了爱自己、爱别人，学会了改变。但我们最容易忘记的是，爱不是命运让我们收获的果实，也不是谁赐予我们的东西。爱本身是自我的能力，当爱是自我的能力时，我们就可以决定付出我们的努力，把爱变成一种行动，而不仅仅是情感的愉悦。

爱是属于当下的，你只能明确当下的自己是在爱或是不爱，并不能确认现在的感觉是否是爱，自我还有没有爱，而是付出自己的努力、行动，你会收获更多的爱。

To interact：

1. 爱情和婚姻都是“共生”的关系，列出因为你的爱有多少让对方变得更好了，又有多少让对方变得更差了？

2. 婚姻是未来，爱情是过去和现在，给自己的未来提供更好的可能，才是婚姻的选择，你的婚姻选择是基于什么呢？你对相亲网站怎么看，又如何运用呢？

3. 你给爱附加的条件是什么，你列表出来，这些条件如果满足，那对方又会列出什么样的条件呢？你能做得到吗？

大叔萝莉都在爱

夏天即将过去，沉郁的绿色，开始因着一场场细绵的雨而改变，开始点缀星星斑点的黄。秋似乎在隐隐地来着，夏就在疑惑里被渲染，被湮灭，秋也被催生了。“二十郎当岁是春暖花开，近三十而立了是春末夏出，真到了而立之后奔着不惑去，就是个夏末秋初的命。”Swamp 坐在我的对面说。

“我好比是这个夏末秋初的季节，看着要收获了，却需要计较得失收益；来不及享受热情，就需要学会秋收、好去冬藏。夏天可以在外面打晃晃，饿不到还不累，风光满眼，随处可以安身；秋天不仅要去苦命劳作，还要寝食得安，还没了之前的如火勇气和激情;要守得住，要挣得来，要扛得住，还要斗得过，算得准。再来个秋灾，不像春夏，还补种得了，出门还讨得了饭;秋天遇灾，没得跑没得着落。春夏落下的病，秋天只能被迫将就着活。春夏只要思量这个季节怎么活，秋天却要念想这一年我会如何、会怎么样……”Swamp 莫名其妙地诗意起来。

“遇到什么事情了？”一个理性的人谈情怀，永远是自己欺骗自己的方式之一。

“德哥犀利，大叔遇到萝莉了，我现在不知道怎么办了？”

“是不是觉得很无解？快坚持不住了？一个萝莉，年轻、漂亮、时尚，也不要求你什么，就是愿意仰视你，让你很有满足感；她就要点安全感和成熟，分享一下你的成功，是不是觉得得到认可很爽？自己也有点儿小能耐了，之前的爱都被婚姻毁了，或是当初的爱被社会压迫得只能妥协，当初的爱和婚姻都是被迫的选择，现在觉得不用了？别人觉得你的付出都是你理所应当的责任，只有萝莉对你的成功和你对她的付出特别同情和心动？……”

“是啊，是啊……”Swamp 忙不迭地说。

“可是你同样怀疑，这是不是爱。如果你没有这些成功，人家会不会喜欢你？于是，你花了钱，花了精力，觉得自己一样被利用了？到底是不是爱，到底这些萝莉是什么奇怪生物？”

“你怎么知道啊……”Swamp 有点诧异。

20 世纪 60 年代，荣格定义了“中年危机”（灰色危机），35 ~ 40 岁成为出现中年危机心理问题的巅峰期，再以后戴维提认为最难度过的是 40 ~ 50 岁，按这个算法，中年危机占据了人生近五分之一的时间。中年危机基本由几点原因构成：因为事业困苦造成的沉默，家庭和社会地位造成的压力，失去学习能力造成的思想陈旧，问题出现无法解决造成的逃避，还有因为无法沟通或是无人沟通造成的自我封闭。

但人生这个阶段，又是最为成功和耀眼的时期，他们通常是“中年雅皮士，富有、温柔体贴、有品位，大多数还拥有一定的社会地位。他们洁净而优雅，有趣而有用，或许有一点点微凸的小腹。他们温文尔雅，他们可以带你去精致、有情调的餐厅吃饭，送你最心仪的礼物和惊喜。和他们一起谈话，总能迎合你所有的兴趣，然后又能灌输你更深层次的精神食粮。这样的男人，是同年龄的男孩子永远无法给予的。”

而萝莉成了中年危机面对“沉默、压力、陈旧、逃避、封闭”问题时，最佳的解决途径。萝莉爱大叔，通常是成长过程中，将对父亲的期望移情到了大叔身上，外因是刚刚进入社会感受到的压力和同龄男孩儿的不成熟，包括对财富和物质的渴望；内因是健康父亲形象的缺失，或是在成长最关键的阶段没有得到期望的父爱，寻求完美的父亲形象并享受控制、占有和依赖的感觉。对富有、富足、安全、成熟等的需求自然也催生了大叔控。

萝莉和大叔都彼此完美地契合了对方的需求，自然应该得到最热烈的市场追捧，甚至真爱都成了卖点，似乎无解也无从批驳。事实真是那样的吗？

大叔爱萝莉，是大叔对中年危机的逃避；萝莉的大叔控，是选择人生捷径逃避自我成长的方式，两者其实都失去了自我。“**用失去自我的方式去爱，其实爱已经不存在了。**”如我们知道的，成熟是“担当自我，了解真相，明确界限，保持平衡”，然后将爱变成行动和改变自己的动力，成熟的爱才能产生。但面对中年危机，选择用逃避的方式，用假想来的爱，来证明自己的成功和成熟，验证自己的存在感，这样的爱也无限接近错爱。萝莉因为自己成长时的伤痛，或是内心臆想出来的完美父亲角色，选择的不是正视自己的真相，而是用假装的爱去享受大叔的成熟，面对成长的压力和社会的压力，选择所谓的捷径去占有财富和享乐，同样也是错爱。

大叔会证明自己不仅成功而且还年轻，以此来证明自己依旧挺立在时代的最前端；萝莉要证明自己不仅美丽青春，还比大叔的女人更善解人意和仰慕大叔。其实任何的证明都可以在自己的生活里，用更合理的方式去展示，再一次的成功、学习的能力、正视自己的状况、沟通和交流的能力，都能很好地解决中年危机，而选择爱萝莉却是一个最差也最伤害自己的选择。萝莉也可以了解自己对父亲形象的界定是否现实，是否需要正视自己的缺失，培养和等待同龄人的成熟。

我教 Swamp 一个方法：如果再有女孩子问他，要是他没结婚多好，让他说：我没结婚能这样成功？要是夸他成熟，让他说：我家里人还觉得我孩子气呢。要是说到现在的婚姻，是不是像左手摸右手，毫无感觉？他可以说：没错，但你砍掉一只手试试？

爱情只存在于两个独立存在、自由、自尊、充满爱的个体之间，明白了这一点，或许才是真正解决大叔萝莉问题最佳的途径和方式。

用时间来感受爱而不是证明爱

完美的爱情和婚姻是否存在？这个问题我经常被问道，我也总是拿我老师的故事讲给他们听。起码在我的眼里，这样的爱情无限地接近完美。

写作成为爱好，我仰仗的是林先生的教诲。林先生是我年轻时的写作老师，在我得意于被语文老师笑称“鬼才”的年纪，林先生一直在鞭笞我、规范我，让我能够在写作的路上走得更远。

林先生是20世纪60年代的大学生，有着扎实的国学功底和坚定的人生观，《古文观止》《战国策》是他一篇篇给我分析和讲解完的，这让我的文字有了稳定的风格，杜绝卖弄文笔，学会发现细节，享受通感联觉之趣，包括写出真性情，这些都得蒙林先生的随时教导，这多少也代表了林先生的为人和治学之风。

毕业后，林先生响应支援基层、支援偏远的号召，来到了古城，专业学的是历史，进了一所大学教历史，兼做一些历史研究，主攻唐诗研究。“文革”开始，因为是书呆子，倒是没被波及，最多算个“臭老九”，连反动权威都没算上。倒是在某个中专邂逅了自己的爱情——一个纯真的姑娘。纯真遇到儒雅，收获爱情，收获婚姻也成了顺理成章的事。

姑娘毕业分配，没能进入古城，而是分到省里地级市的一个厂子，两地分居。当时第一个孩子已经出生，两地奔波实在是有点儿辛苦，林先生又没有什么能力调动爱人的工作，于是申请到其他的地级市工作，进了一所中学，然后地级市间的户口好解决，一家终于团圆了，第二个孩子也出生了。

“文革”结束，大学终于想起还有这么个人才，林先生在当中学老师期间也没有停止自己的研究，求贤若渴的大学不停地催着他回归，包括他大学同学也给他找好了北京的大学。林先生很执拗，只有一个要求，解决妻子的户口。当时大家都劝他从长计议，哪怕先去了干出点成绩，未来都好说。但林先生文人的脾气上来，没有任何商量的余地。

最终，是省城的一所中学，给出了一并回城的条件，林先生一家又回到了古城。林先生在中学老师的位置上一直干到了退休，甚至还返聘了几年，桃李满天下，课余自己的唐诗研究也成了专业领域内举足轻重的巨擘。或许因为是中学老师的缘故，他研究唐诗的底线是，自己的文章中学生要看得懂，自己的爱人要看得懂，这让他在文学研究领域里异类而有趣。每次到林先生那接受训导，都惶恐不安，因为每次他都会要求你大声朗读或背诵唐诗，情绪情境表达不好的时候，他还会自己再来一遍，清瘦的身体和闪亮的眼眸，让人恍惚是杜诗圣附体，梦回唐朝。

林先生的两个孩子，或许因为林先生的优秀高山仰止，都进入了无关唐诗、写作的行业，林先生对孩子们的放养状态，虽然经常和夫人发生争执，但结果似乎还不错，孝顺而自立，独立而自尊，两个孩子也还算有出息。

林先生已经老了，岁月给他的不仅是学识和成就，更多的是苍老，而妻子也有点儿老年痴呆的前兆，唠叨啰嗦和善忘。作为学生，偶尔会和他谈起他的一生。

“老师，其实你有好几次的机会可以成为大学教授，那样不是更能把你的唐诗研究做得更好吗？过两年师母和孩子们也未必调不回来。”

“你说得也没错，就是一个选择罢了。我当时想，研究这个事情，最多我辛苦点，一样可以出来成果。但真两地分居，你师母也不容易，孩子也受罪，我还没在他们身边，看似为我好，结果是大家都不好，这个懒偷不得。我总不能为了未来某个不确定的承诺，当时就把她们娘儿仨扔到那里吧。”

“您和师母都成佳话了，你文章非要师母读懂，这有必要吗？你那水平，给专业人看的文章何必要求这么雅俗共赏呢？”

“白居易写诗给老妪看的故事我给你讲过吧。唐诗是我们文化的一部分，不是研究的一部分，我觉得我做的起码应该是这样才对；至于你说师母看啊，我是不想她就一直停留在中专的知识状态里。这人吧，不进步守不住，我们多了点共同语言，我们才能安稳地过这么多年啊！”

“那您的孩子们呢？没一个做你的专业，多可惜，近水楼台的事情倒成了绝无可能的事情。”

“孩子有孩子的人生，我的人生遗憾是我自己的，我没必要要求孩子去弥补我的遗憾。我和他们说过这一点，很多父母给孩子的安排，似乎是子承父业，其实要么是想让孩子弥补自己的遗憾，要么是拿着遗传因素说事给孩子提供个便利。但我又何必当孩子面前一辈子的一座山，不翻过我这座山就没法儿活自己，那才是害了他们呢！”

“原先听师母唠叨，你刚回省城，一大堆的红颜知己，师母那时候没少和你吵吧？”

“呵呵，那时候是啊。那时候社会对文学什么的还热乎着呢。红颜知己谈不上，仰慕者或是可以交流的人倒是蛮多的，但这个问题好比工匠拿出一件作品，大家都喜欢，但背后是怎么做的，中间的辛苦谁知道，你师母是陪我在背后做的那个人。真到了作品大家都欣赏赞叹，我就知道，这不是赞叹我一个人，其实还有对她的赞叹。我自己也就清醒好多了。”

“林先生，你对我的要求那么严，我又不是专业的，你的要求现在看也古板，不是流行的调子，我这爱好把自己都快累死了。”

“是你爱的东西，你要是再看周边人的眼光，你就爱不起来了。写作这个东西，你不可以压抑也不能去刻意升华，能够发现美丽和美丽地活着，已经不单纯是写作的事情了。你爱这个东西，第一要让它变得更好，第二你自己也要变得更好才对。”

林先生的爱情是否是完美的，我无从判断，因为他一直在努力地付出，去改变自己和改变自己爱的人，慢下自己的脚步和爱人一起走。他包容了社会和世界带给他的一切，快乐和悲伤，愉悦和不公，去让自己的人生和生活充满了喜悦。他没有被每一次虚无缥缈的未来所蛊惑，也没有被自己的过去打扰，守住了每一个当下，坚守了自己的信念。于是我想，林先生的一生或许完美展示了爱，他的爱不用证明，他的爱一直在绽放和发出温暖的光亮。

爸爸去哪儿了？——成熟的爱

“如果这一次我有什么感悟的话，那就是：人总是要经历这样那样的困难和坎坷，哪怕有最爱你的人在身边陪伴，鼓励和照顾你，但你必须自己承受痛苦和自己必须付出努力，谁也代替不了你，只有自己坚强地面对，才有好的结果。”

这是我儿子 King，在胳膊摔断后，第一次复课，在课堂上发言时的一段话。King 在学校和孩子们打闹追逐的时候，摔了一跤，造成胳膊骨折，骨折的传统在我们父子间进行了传递。因为骨折的复杂，第一次的复位不成功，King 还接受了不打麻药的第二次复位，个中疼痛和恐惧，对于 10 岁的孩子来讲，不是那么轻易可以承受的。

那时候我刚刚辞职，因为手头没有新的 offer，有点儿轻松而不知所措，却很庆幸有时间陪着 King 度过这一段难挨的时光。King 是个善良而阳光的孩子，对于学校打闹奔跑中，到底是谁的责任含糊其辞，在我们埋怨对方家长没有任何表示的时候，他大度地归结为：“没有担当精神，这样的家庭也教不出什么好孩子。”经过了手臂的肿胀、夜里的几次梦魇、拍 X 光片前的莫名恐惧，King 进入康复期。有次家里讨论他的病情时，他绘声绘色地描述了二次复位在手术室的过程和细节，我觉得 King 基本上身体和心理都扛过了这一关。

做 King 的父亲，或许是影响我最大的人生改变，成年人的人生或许不再是试验场，总有些可以遵循的规律和仪轨，而拥有了孩子，不管是第几个孩子，都似乎在进行一场永远不能重新来过的实验。你在孩子身上实践着自己的人生准则，或者对世界的看法，这个不是你可以含糊其辞的。总有父母觉得，我可以在外面的世界按照尔虞我诈的方式生存和竞争，在家里建立象牙塔般的环境，让孩子成长。几乎可以确定的是，孩子在有独立思维之后，就别指望他们可以轻松地被欺骗。把孩子当作孩子，而不是把孩子当作独立的、活生生的人，或许是家庭教育里最失败、最错误的想法。有些人，永远把孩子当作自己的产品和附属品，按照自己的设计去设计孩子的人生，甚至因为自己的人生充满遗憾，却希望孩子能帮自己弥补。那样的父母之爱，成了孩子不能成长和成熟最大的障碍，甚至收获孩子扭曲的性格。

King 这次骨折，最让我有所领悟的是：**对于孩子来讲，“在”有多么的重要。因为你“在”，他可以那么无畏地面对痛苦和恐惧。**孩童时期，成长阶段里，大多数的心理创伤或是阴影，基本都会归结为“在不在”“要不要我了”“爱不爱我”，青春期后还有一些其他的。“爱不爱我”“要不要我了”，这个对于绝大多数的家庭来讲都不是问题，产生这样心理阴影的孩子，需要适度的心理干预和治疗。而“在不在”，则直接影响到孩子的人格是否缺失，未来性格的建立也多与此有关。

曾经在静心小组做过问卷调查，写出证明家人不爱我或是不在意我的项目，或者是一些刻骨铭心的伤害。很容易发现，大多数问题会出现在关键时间点上，孩子觉得你应该“在”，而你不在，“陪伴”问题成了很多人挥之不去的心理症结。我们也可以尝试坐下来，写出那些曾经让你觉得受伤的家庭经历，孩童时期或是少年时期，也能很好地验证这一点。

这种“在”不是靠物质或是未来可以弥补的，而且这些问题直接导致了孩子觉得你不爱他，或是你不要他了。除了永远不让孩子觉得需要问“爱不爱我”这个问题之外，关键节点的“在”就成了每一个父母需要关注的问题。现代社会给予人的压力，体现在更多的人觉得自己在被迫着做很多的事情，物质、欲望、成功、努力等等，但同样也给成年人提供了逃避的理由，不仅给自己寻找逃避的借口，也给自己的孩子和家庭寻找借口。“我现在拼命赚钱，不是为了给你们一个美好的未来吗？”“不是爸爸（妈妈）不陪你，是我要赚钱啊，要不你未来怎么办。”“这次爸爸（妈妈）不能陪你做这个事情了，因为工作很忙、老板很坏。”诸如此类的话，我们经常在不同场合听到。而真相无非是，我们对我们的当下是厌倦的，我们寻找逃避当下的理由，我们嘴上的爱、行动上的逃避，深深伤害了孩子。

当我们把孩子当作活生生的一个人，我们不仅可以去爱，而且会在孩子那里学到更多的东西。爱不是一个独立的个体传递给另外一个个体，而是如火种，点燃对方，提供给成熟、安静、温暖的人生力量。

我会建议很多朋友，面对面地和你的孩子坐下来沟通，对那些心底里觉得你该“在”而“不在”的时刻进行梳理，然后真诚地道歉而不是寻找不在的理由，这等同于你重新种下爱的种子，爱也就会重新生根发芽、成长和成熟。

我曾经在King大约5岁的时候，写给他一些话。那时候朋友们都说我很多余，那么小的孩子懂什么。我告诉他们，这些话是说给自己的，成熟的爱需要这些，永远不要让孩子说："我最难的时候，爸爸在哪儿？"

给儿子的话

520是"我爱你"。我的儿子，丁丁，King，今天5岁了！

一直想给儿子说些话，但永远无法开始。今天他5岁了，越来越属于他自己了，于是我想写点给他的话……

儿子，你终将成为一个男人，但关键要成为一个属于自己，学会担当的男人；做好儿子、爸爸、爷爷、老公这个你一辈子要承担的工作。

爱爱你的人，爱你爱的人；我们会陪伴你，但不能代替你。

世界很大，你很小；你不是世界上最重要的那个人，但在某些时刻你是某个人、某个群体最重要的人。

学会珍惜人而不是东西或事情，你在世上做的所有的一切都是因为有人存在；真的要快乐，这个世界很多时候像沙漠，快乐是唯一的甘泉；学会任何时刻的微笑，社会很残忍也很平实，微笑是最好的武器。

保护自己，善待他人，不要有劣习；你会不停地接受被背叛的事情，但你不要去做；倾听，保守秘密，都是男人的美德；孝顺，因为未来你也需要，虽然我们不奢望；诚实，技巧性的诚实。

独立，因为你的独立你才吸引更多的人、资源；不要试图掌控一个人，因为你掌控不了，特别是女人；可以抓紧属于自己的，但要明确什么是属于自己的；保持距离，保持距离才能看清，才能拥有。

付出永远有回报，但不见得是一一对应的，所以你要相信，付出的一切都是为了自己，因为某一处，会有美好的东西赋予你，等待你。

活在当下，这是禅语，但是你必须明白，不要被过去未来所左右，要为现在这一刻的事情努力；可以后悔，但要向前看，过去的失去不要成为你的负担或做不好的理由；可以原谅失败，但不要原谅自己，给自己找借口。

记得看书，永远不要放弃看书，那是生活的一部分，会让你有无穷的快乐，但不要看书不会融会贯通，死读书；学习心理学，偶尔要研究哲学、历史、宗教。

你发现美，感知美，浸润美，你会很快乐；喜欢一切美好的东西，发现一切美好的东西，特别是要善于发现美丽的东西，很多东西很美，只怕你感觉不到；风景、历史、音乐、绘画等等，你一定要学会感知和浸润；学会认识自然，山水很好；一定要有自己的爱好，可以展现自己的属于自己的，小小的爱好和快乐。

锻炼身体，身体健康是对自己和别人最大的负责；可以冒险但不愚蠢就行；找寻自己的极致状态，偶尔；衣着得体，保持整洁，饮食健康，酒是好东西，但要学会品尝；茶很好，牛奶很好，杂粮很好，穿舒适的鞋子，洗凉水澡；按时吃饭按时睡觉更好。

勇于尝试；你不是最好的，因为不是完人，但你努力一定可以做到属于自己的最好；学会跟自己较劲，永远要坚守；不断地学习，不停止；永远不要无所事事；专注于工作学习生活的人，都会喜欢你的。

可以了解别人，但不要猜测别人；别人的心与口，你阻止不了，所以不要在意；很多人不是坏，永远是好人多，但他们是在不停原谅纵容自己而已；不奢望别人，因为他们不是你。

随时鼓励、感谢、赞扬、帮助别人，一定要有朋友，这很重要；记忆很重要，善忘而不健忘；博学很重要；不停地学习别人与引导别人，永远不藏着掖着所谓的能力与知识；“谢谢”是很美的词汇；勇于认错，道歉不是丢脸的事情；分享你的快乐给别人，自己咀嚼自己的忧伤；记住你未来做事关键是与人的交流；判断对错很容易，得到好的结果才是你的能力；优秀是一种习惯，关键是你要养成这样的习惯。

感恩，你拥有的一切都是独一无二的，你的人生也是独一无二的，所以感恩那些人或事情，因为感恩所以你会充实。

痛苦是经常的事情，所以不必太在意；不要哭，尽可能地不哭；自己做不到的事情或得不到的东西不要太在意；心情决定你的身体。

感性与理性不是绝对的；越紧急的事情越要冷静；完美的事情是靠各个点位适度的完美造就的，所以适度很重要；不要判断了去做，而是做出判断。

不要纵容你爱的人，像现在我对你那样，未必是好事。

……

说了很多了，这也算是无穷无尽的事情。爱得太深也会有很多的纠缠，所以暂停，只是想给你说，我很爱你，快乐是你的责任……

爱的成熟是爱作为行动的一个结果，成熟的爱除了可以让我们更加成熟、更加安静和温暖之外，还继续播下爱的种子，延续下去。

爱不是单纯的某一种情感，而是一种行动，是对自我在当下的认知。不管是我们去学习、发现爱，还是去发现爱里的包容和创造力，都需要我们去爱自己和爱别人，将努力的爱当作与所爱的人互动的方式。

在爱里成长，不压抑自己，也不妄图升华自己，只确定自己可以依靠爱的能力，完成自我走向心智成熟的目的地，这样的爱才充满力量。

To interact：

1. 你的爱有多少是移情，有多少是因为想验证自己的存在？你是萝莉，你为什么喜欢成熟？如果你是大叔，除了爱之外，你其实想要的是什么？

2.你的爱成熟吗？你为了你的爱舍弃了什么，舍弃让你的爱更快乐了吗？你为了这些舍弃是否埋怨，是否拿着这些当作资本和条件，要求爱人做更多呢？你为彼此的进步都做了哪些努力呢？

3.如果你是我，面对King的情况，如何通过他传递给那个同学或是同学父亲，他们不勇于担当，其实最终损害的是他们自己呢？你会去理论吗？你对于爱里面需要的“在”，是如何理解的呢？

爱是如此神秘

维基百科里这样解释信仰：“信仰是人对人生观、价值观和世界观等的选择和持有。信仰体现着人生价值、人生意义的可靠及落实。信仰与所信仰的对象是否客观存在没有必然联系。”

简而化之，对不可验证的事物笃定的相信就是信仰。这很符合我们对爱的想象，我们总是知道爱是不可验证的，任何怀疑主义的证伪，都会让自己觉得那不是爱，但我们却信誓旦旦地坚信爱的存在。将爱当作人生信仰的人，总是会比那些没有信仰的人更能感知爱和获得爱。

爱是信仰的话，不影响爱的表现形式，表现形式也不是信仰的对象。那爱或许就如我们探讨的：**爱，不是一种情感，而是一种行动。爱是让你学会发现、包容、欣赏、改变、喜悦，让你不压抑不升华，美丽地活着，能够走向心智成熟的内心力量。**

也有太多的人，把爱归结为多巴胺的分泌，将爱简单地变成人类自身对自己的麻醉，只为了获取愉悦的感觉，跟吃块巧克力或是运动产生的舒适画了等号。但这样却不能解释，为什么我们在独自状态下，只要确定我们在爱，一样会得到愉悦。也有人把爱认定为多巴胺效用过去后，内啡肽的替代，内啡肽带来安静舒适的感觉，但是多巴胺的强烈分泌，会使人的大脑产生疲倦感。大脑疲倦了以后，要么减少多巴胺的分泌，要么就干脆自动停止分泌，于是似乎爱也就消失了。有很多的科学研究将多巴胺称作“爱情物质”，把内啡肽称作“婚姻物质”，前后时间从生理学角度讲，也就1000多天，爱也被定义为1000多天的爱。这个时间一过，似乎我们必须寻找新的刺激，或是更换爱的对象才能重新去爱。

也有人把爱当作神的赐予，而不是自我内在的力量，于是把爱当作自我救赎后的结果和赏赐，把自己任何的付出都当作向神在祈求爱，等着神的宽恕，等着爱的降临。最终既迷失了自己，也得不到被施舍的爱。甚至在爱降临的时候，不是焕发自己的生命动力去全情投入，而是去感谢那些虚无缥缈的神灵。

也有人把爱仅仅当作自己内心的情感，于是需要邂逅爱，认为爱是稀缺资源，在付出爱后，自己也就不再拥有爱，除非能恰好遇到合适的爱，或是可以拿自己的爱去换取爱。将爱紧紧地闭锁在自己的内心里，等着别人的发掘和发现，却从来不去尝试把自己的爱变成行动，变成可以让自己成熟的力量。

也有太多的爱，把爱当作了占有和控制物质的手段，自己占有的，或是自以为拥有的才是爱。不遗余力地付出，只是为了占有某个特定的人，或是左右、控制某个特定的人。把活生生的人当作了自有的财产或是物质，看似无比珍惜，却是禁锢了对方、让对方无限痛苦，爱成了彼此伤害的手段。

同样的，我们见到了成熟的、长久的爱，甚至很多的爱带给我们的是责任和痛苦，如亲子之爱、朋友之爱、陌生人的爱、对万物的爱，也可能因为爱收获伤害，但我们依旧乐此不疲、为之辗转反侧，甚至付出我们的生命。

于是，我们更能坚定我们对爱的理解，爱是我们认识世界、与世界联系的一种方式。爱不单纯是内里的情感或自我的意识，而是对自我的认识，对自我和世界关系的解读，也是寻找和世界联系的有效手段，是一种行动和行动的能力。我们渴望我们人生的成熟，寻找自我的存在感，而爱就是走向心智成熟之路的内在力量。

爱可以学习，爱可以感知，自身的爱在学习爱、感知爱后，变成了一种能力和联系世界的方式。爱也让自我的存在（担当自我）、感知当下（了解真相）、与世界的关系和与世界的界限（自我界定）、走向成熟（保持平衡）成为可能。

不是我们在心智成熟的时候才能去爱，而是爱是我们通向心智成熟必须借助的力量和途径。我们在爱的同时在不停地改变自己，改变自己的环境，也让自己更加安静和温暖、更加成熟而坚定。

爱是如此神秘，也让人如此沉醉，爱的力量或许就是信仰的力量。

如果你是活得想真心爱一次，
千万不要站在原地不动，而要走出去。
那个命中注定属于你的人是没有的，
只是你偶尔这么想，给自己一个偷懒的借口。

一见钟情的故事并没有骗人，
只是那点种子还须日日更新方能不死。

不要说累啊累啊，你想放弃了，
你不是追求激情、追求划过夜空的闪亮吗？
那么，即使成为繁星点点中的一颗也要付出一生。

所谓爱情，它原本来自欲望，
只因保持欲望的美丽比什么都难，
我们才选择了克制！
因此绝不要相信什么“精神恋爱”可以拯救世界，
那套说法有利于社会却无益于心灵。

危机四伏的夜晚，爱情受到了挑战，
可要不是四面楚歌，它何以变得弥足珍贵？
不要感叹世风日下、抱怨生不逢时，
哪一个时代不是人情冷暖、爱恨交加？

如果你是女人，
请在你做好女儿和母亲的义务外，
留出一点儿空间给自己。
不论你的名字叫莹莹还是亮亮，
总是辛苦世界的繁忙中一点儿光鲜和明媚。

如果你是男人，
不要把世界扛在你的肩头。

请相信你的女人，
她除了身体之外没有哪里比你弱小。
所以，不管你叫左岸还是右岸，
都不要做那梦想的船只停靠的彼岸。

爱情，并不是宗教的避难所，
恋人，也并不是教会里的神甫和信徒。
如果你幻想躺在它的床上寻求一份安慰，
那么悲剧的帷幔就会悄悄把你笼罩！

起来吧，带上你的剑！
背叛和出卖正把它磨砺得雪亮！
出发吧，相爱的人，
不要妄想道德和公正会给你们施舍！
你要去的地方比战场还要惨烈，
你要经历的事情比斗争更为残酷。
不要害怕伤痕累累、不要害怕倒下，
因为你的内心充满了爱，爱的力量可以战胜一切！

恋爱，恋爱，恋爱……

——《左岸》烟尘

Part Ⅲ　人生的道路，选择的力量

“我是为你好”是真的吗?

秋天来了，阳光下的秋天，蓝天携着美丽白云，阳光洒在远处的山峰上，雾雾的光晕，色彩就彼此渲染，与蓝天的洁净有了彼此衬托。路边雏菊簇簇，淡然的黄色生机无限。秋天的时候，静心小组会组织秋游。秋天静心小组的成员通常都会增加，有不少陪孩子过完暑假的人，都会加入到静心小组来。

Lily 是个虎妈，有坚强的意志力和决断力，在家庭生活和教育里说一不二，而且在 40 岁的年纪，又生了第二个孩子。我们开玩笑说她是“英雄母亲”，毕竟这个年纪去侍候柔弱的婴儿，除了爱心，需要的是不可想象的精力、体力和意志力。

登顶后，彼此坐在一起聊天，问到为什么决意要第二个孩子，我才多少了解了 Lily 内心的酸楚。Lily 婚后一怀孕就辞去了工作，丈夫的事业还算成功，家庭也不太需要她工作来增加收入，另外，Lily 的丈夫是海外留学归来的，对于全职母亲的方式也很赞同。从最初的胎教，到后边的出生，婴幼儿时期，Lily 全情投入，倾注了自己全部的心血。儿子也很争气，在幼儿园、小学时期都优秀得让人嫉妒。Lily 的虎妈形象也名噪一时。Lily 从生活习惯、品位、道德准则、学习、音乐、舞蹈、礼仪、形体、运动、演讲等等，几乎可以想象到的地方，都全程设计和陪伴儿子去学习进修，各类的数学竞赛、作文发表，孩子的童年似乎就是被奖杯和奖状淹没掉的。与孩子的所有争执，甚至是家庭争执里，Lily 都占据了上风。确实 Lily 也更明白孩子在想什么，也总是能寻找到制服孩子的办法。

因为在省上数学竞赛的优秀成绩，还有那些数不清的特长，以及各类奖杯奖状的支持，Lily 的儿子被保送到重点初中，甚至给家里拿回来了奖学金。这样的学校就是奔着清华北大去的，Lily 终于松了口气，自己在孩子学习上确实也做不到和孩子同步了，似乎万事已经入了正轨，只要坚持走下去就会有完美的结果，儿子第一次的期中考试也名列前茅。

但到了下一个学期，风云突变，孩子的成绩一落千丈，孩子开始焦虑、抗拒学习、拒绝社交、沉默寡言，最后甚至出现了轻微的污言秽语症状。在家里，曾经随时彬彬有礼、快乐健康的孩子，突然就易病和暴躁，甚至开始攻击家里的亲人。Lily 虎妈的威势似乎一夜间就坍塌了，家里乱成了一锅粥。最后为了孩子的健康，接受了几次心理疏导，有所好转但也是时好时坏，为了孩子的未来，只得转学进了贵族学校。孩子的成绩已无可能恢复到以往的状态，生病期间的暴饮暴食和拒绝出门，使孩子成了一个大胖子，自信逆转成无限的自卑，在旁人看来孩子算彻底废了，也混迹于所谓的差生行列。Lily 差点儿崩溃，自己都去做了几次心理辅导。

然后，Lily 做了一个让人瞠目结舌的决定，就是再要一个孩子，最大的理由是儿子已经指望不上了，养老还是需要再要一个，经过努力，又有了第二个孩子。

我大致了解了一下 Lily 的成长经历，Lily 因为父母经商打拼的缘故，少年时的学业、爱好、生活环境都不是很如愿，Lily 也一直觉得如果提供的条件好和环境适合，自己也会是个优秀的人才，也不会自己没毕业多久就把自己嫁了。Lily 觉得自己的人生梦想很多却永远是梦想，永远无从实现。于是，Lily 就尽一切可能地给予孩子庇护，并对孩子成长的环境进行设计。我甚至觉得她对孩子的设计和庇护，是将自己的青少年时代重新活一次，用来弥补她内心的遗憾。

静心课程里，有个解决问题的方法。对于一个看似突发的事件，增加记忆的回溯时间，寻找关联原因，如果在个体回溯上依旧无解，进行再一次的回溯，寻找能影响个体的人，将他的关联原因找到。我们经常会发现规律一般是："现在的偶然－较长时间段内的必然－外界因素的偶然－外在因素的必然－内在因素的必然。"其实是避免人自身假借客观因素的理由，造成内心问题无法解决的方法。

Lily 儿子的突发状况，看似偶然，但稍微回溯一下，就可以明白，进入中学后，在学业压力、社交压力、环境压力，甚至是性启蒙等方面，都让他无所适从。在没有很好地疏导和自我认识之下，产生的逃避、恐惧、自闭、自卑等心理，孩子从自我认为的天之骄子瞬间跌落凡间，产生心理问题自然也是必然。

但我们继续回溯，为什么一个优秀的孩子反而产生各类的心理问题呢？似乎过去小学甚至幼儿园时代的优秀，导致了他今天的问题。那些值得自豪的成绩和特长，最后成了孩子的心理压力，甚至是出现问题的诱因。看似极其偶然的事情又发生了。

但我们加入 Lily 的因素，似乎又能推导出一定的关联。孩子的优秀不是孩子自己的选择，而是给予 Lily 付出的一个回报。一方面，Lily 作为保护神出现，在孩子的生活里无时无刻不存在；另一方面，孩子优秀的唯一动力在于："妈妈让我这么做，我要对得起妈妈。""妈妈是为我好，我必须优秀。"在孩子和 Lily 内心达成了一种交换协议的时候，只要这个协议废止，孩子的优秀就无从保证。当孩子在中学发现 Lily 已经不能庇护自己，而母亲已经达成自己的初步目标后，孩子没有任何继续优秀的动力，反而觉得之前的协议根本也没能帮助自己更好地学习和生活，外在因素的必然也就不难理解。

但任何心理问题的解决，不是寻找到外部因素或是曾经的阴影就可以寻找到方法的。而 Lily 将自己人生不成功的责任，完全地推到家庭环境和社会环境上，并执拗地坚持认为，只要我提供的条件和环境合适，再加上自己坚持的力量，孩子一定能按照自己曾经的梦想去成功。把自己曾经受过的伤害，利用对孩子的教育去弥补，她不是在教育孩子，其实是弥补自己的内心伤痛。而孩子学习的知识、取得的成就，不是拿来适应自己的成长和拿来用的，仅仅是为了母亲的要求和自己炫耀的资本。这样建立的自信和骄傲，因为跟自己无关，一受到挫折自然就转成了自卑。

卢梭在《爱弥儿》里说："你要记住，在敢于担当培养一个人的任务以前，自己就必须要造就一个人，自己就必须是一个值得推崇的模范。"Lily 自己的问题，导致了自己在付出无穷努力后获取了让自己悲伤的结果，然后再一次地将责任推给这个社会，甚至是自己的儿子，选择重新再来一次的方式继续延续自己的错误。问题其实在她。

“孩子的生命是他自己的，我们为什么热衷于指手画脚？问题的关键在于，父亲母亲是否懂得爱和期望与强迫之间的界限，再就是当自己的期望与孩子的想法发生冲突时，能否将选择权交给孩子。”这才是解决问题的唯一方式。《爱弥儿》里有一句话：“问题不在于教他各种学问，而在于培养他有爱好学问的兴趣，而且在这种兴趣充分成长起来的时候，教他以研究学问的方法。”如何让孩子在学习的过程中得到自我的成长，产生对自我的认可，学会对选择的毫不犹豫。教育孩子，自己是陪伴他成长的人，但不是替他选择的人，让孩子将优秀变成自己的一种习惯，而不是给予别人证明什么。“遵循自然，跟着它给你画出的道路前进。它在继续不断地锻炼孩子；它用各种各样的考验来磨砺他们的性情；它教他们从小就知道什么是烦恼和痛苦。通过这些考验，孩子便获得了力量；一到他们能够运用自己的生命时，生命的本原就更坚实了。”

Lily 在下山的路上告诉我，她不会放弃自己的儿子。因为放弃儿子，其实也是纵容自己放弃责任的行为，她会陪伴孩子寻找到自己喜爱的生活，也会告诉孩子，成功和伤痛是交替到来的，只有这样才能让孩子真正成长起来。

被选择的人生

“我们必须了解心中的欲望，但是了解一个如此活跃、如此急切、如此强烈的东西是很困难的事——因为在满足欲望的过程里，我们的激情会变得非常强烈，其中充满着快乐与痛苦。人若想了解自己的欲望，很显然不能有拣择性，你不能用好坏、高低来批判欲望，也不能说：“这个欲望应该被保留，那个欲望应该被否定。”所有的拣择性都必须放在一旁，才能发现欲望的真相是什么。”克里希那穆提（Krishnamurti），《生命之书》

初秋的一个晚上，我打开邮箱，发现阅读小组 Kink 发给的邮件，邮件简简单单就这么一段话。

Kink 在我和他自己看来，都是选择困惑症的重症患者。从名牌大学毕业开始，他的经历在他自己看来，就可以归结为一句话：“每一次都看似最稳妥的选择，没有带来想象中的顺遂，只带来无穷的烦恼和悔意。”以至于到了现在，选择购买一辆车，他利用自己的数据分析特长，可以做出最完备的数据比较和分析，却在最后总是选择最让自己后悔的型号。

Kink 大学毕业，听从了家人和朋友的建议，选择了更好的公司而不是专业喜好。在做到核心团队后，发现碰到了天花板，然后几经纠结，选择了行业第三、四位的公司，这样自己的经历可以获取更好的职位和收益。在做了几年高层后，自己因为担心企业的未来，放弃了期权激励，选择了补偿退出；然后进入流行的电商，在烧钱的恣意之后，期权也成了泡影；转到实业产品，却发现竞争之剧烈，自己的人脉和圈子做不到让实业活得滋润。当把一切归结于当初选择时的不够严谨、看得不够全面和短视后，专门在日常的小事情上锻炼选择能力，希望能够祛除自己的选择困惑，却发现选择困惑开始如癌症般扩散到自己生活的每个点滴，小到今天吃什么、衣服选哪件诸如此类的生活问题，都让 Kink 开始怀疑自己的能力。

“欲望 + 机会 + 可以负担的能力”创造了选择，但绝大多数时间，我们既没有了解自己的欲望，也没有辨析机会的真相，更错误地估计了自己是否拥有负担的能力，于是我们产生痛苦，并把问题归结于自己的选择。卢梭说，“我们的痛苦正是产生于我们的愿望和能力的不相称。一个有感觉的人在他的能力扩大了他的愿望的时候，就将成为一个绝对痛苦的人了。只有在一切力量都得到运用的时候（即欲望与满足欲望的能力相称），心灵才能保持宁静，人的生活才能纳入条理。”

Kink 把自己追求顺遂的生活、享受安逸的想法，描述成了自己追求成功的欲望，但其实是用安全感去应付自己的欲望；同样，每一次的机会，与其说是新的机会，倒不如说是 Kink 在面对问题时，创造的逃避问题和逃避承担责任的机会；Kink 每一次的选择，都是自己能力游刃有余可以担当的（一般来讲，最好选择需要自己适度努力的事情，完全在自己能力舒适区的选择，通常会让自己产生倦怠和不满足感）。当这些综合原因产生，再加上对自己选择的不满意，生活也就成了一种被迫的结果，然后一股脑儿推给选择困惑症。

我们偶尔分辨不清因为恐惧而追求安全感和成就自己的欲望间有什么区别，也会对自己的欲望进行轻重缓急的分类。但欲望同样是自我存在的价值之一，Kink 需要明白，自己需要的是成功的感受，而不是不停地获取安全感。他每一次的选择其实都基于寻找更安全的、自己更能力所能及的环境，来摆脱自己对未来不安定的恐惧。

因为不是自己真正的欲望，而是追求安全感和畏惧挑战，Kink 在新的环境里是做不到热爱和享受的，也自然得不到成长。随着自己在每一个环境里都如此，Kink 自然对自己每一个人生环境都不满意，下一次的选择要么是基于社会化的判断或是别人的意见，要么就是重复自己追求安全感的选择，然后自身就永远置身于“被选择”的懊悔之中。

“我是为你好……”“现在的选择是最稳妥的，你也不会太辛苦……”“这样的选择最有利于你，你可以立于不败之地。”“先安稳下来，你才能去有新的突破嘛。”“按照现在的形势，你最好的选择一定是……”等等。我们周边和内心，随时都会出现这样的话，但绝大多数情况下，都是基于对未来的恐惧，对安全感的渴望，并不是对自己的人生欲望或是机会认真的思考。

我的导师曾经教给我一个“631”生活法：“第一手头永远保有 6 个月的生活费，第二保证自己每三年对自己的人生规划进行重新组合，第三永远不要有了新的 offer 再选择离开，而是每一份工作都是自己现在唯一的可能。”这样能很好地杜绝自己在人生面临选择的时候，过于纠结于沉没成本和机会成本，也能定期对自己的人生方向进行规划和反思，最重要的，减少选择的机会，让自己成为一个主动选择的人。而选择，都是基于能够活出比现在更好的自己。

作为礼尚往来，我给 Kink 回复了邮件，讲了一则小故事：

禅师精于花木，古寺每逢花季人流如织。

春天有春天的花，夏天有夏天的叶，秋天有秋天的果，冬天来的时候，古寺里的香客少了很多。

弟子问师父：“师父，冬天真的不好，如果每一个季节都像春天多好。”

“春天来的时候，冬天没有任何怨言，夏天来的时候，春天没有任何怨言，只是全然而欣喜地接受，那我们为什么一定要求一直是春天呢？”

成熟和年纪无关

秋天的时候，和Libra的交流多了些，因为我和他对于公司管理和事业方向都有诸多的困惑。

Libra的公司发生了一些变故，职业经理人提出离职，Libra也觉得公司需要一些转变。前些年，Libra虽然对职业经理人的很多做法不理解，甚至对职业经理人建筑的个人威信有所忌惮，但公司发展的结果还不错。当企业发展后，各方面条件具备了，自己想有所创新，但几次尝试都以失败告终。而且让人狐疑的是，每一次的挫折，职业经理人在筹划期和行进中都指出了问题所在，或是失败的可能性，结果真如此的时候，Libra一方面觉得有挫败感，一方面觉得这个先知先觉是没道理的，难道这些挫败也有职业经理人在暗里使劲？特别是，职业经理人建议Libra去进行一些深造，说公司毕竟不是当初的模样，市场的变化和营销知识的变化，都需要有所提高才行，这个多少触及了Libra的底线，于是一场争吵之后，双方和平地分手了。

Libra重新梳理了业务流程和管辖范围，和Shadow又开始了夫妻档的二次创业。Shadow基本推翻了职业经理人的管理模式，事必躬亲，而Libra也开始回复几年前的垂直管理，但努力了几个月，销售业绩和管理出现了双滑坡，Libra有点儿困惑，Shadow天天埋怨Libra，觉得是Libra不让她拥有属于女人的生活。那状态，已经不能简单地用中年危机来形容了。

Libra基本把问题分了几类：一、实业难做，员工永远不会理解，于是很难形成合力；二、尝试总是要付出代价的，这个代价和赌博差不多，输赢看未来，只要自己还活着；三、人心不古，只能依靠过去的班底和方法，现在的市场必须这样，只有自己和妻子是真正用心的；四、梦想必须坚持，也必须摒弃一切外在的影响；五、管理和营销，自己经历了也就会逐渐成熟，这个是学不来的。

我开玩笑说，你这是"怨妇宪章"，第一、我永远没人理解；第二、我当初的婚姻抱着赌一把的想法；第三、现在就没好人，只有我是善良的、可怜的，其他的都是害我的人；第四、我是有梦想的人，你们别说我天天是怨妇，只是你们不明白我的追求罢了；第五、人生就是个过程，该成熟的时候就成熟了，生活还要学习什么啊。

有一则心理学角度的"人生的三次成长"：第一次成长是明白自己不是世界的中心；第二次成长是明白再怎么努力，好多事还是无能为力；第三次成长是明明知道自己无能为力，还会努力争取。之后人就有可能获取成熟。我们看Libra，似乎很符合以上的三点，那为什么还会收获挫败感呢?

人们通常是将成长的年纪和成熟画等号的，觉得自己年纪到了，成熟自然而然会来，而且自己的经历一定能够指导未来的人生。当外界告诉自己，自己的失败是自己不成熟的表现时，我们不是选择如何去学习，而是如何固执地坚持自己的想法，把应该成熟的人生继续变成一场赌博。

或许，只是 Libra 将自己的生活变成了一种证明而已。证明当初选择职业经理人是不得已罢了，不是自己能力不足，而是被迫选择的；也会将自己的失败，归结于出发点是好的，只是在过程中员工不努力和市场发生了变化，全然不是自己的原因。Libra 将团队和自己割裂开来，既希望团队可以有老板般的工作态度，又不希望团队有团队自我意识；Libra 将应该学习的基本管理准则，变成自己必须尝试后才能确定的某种技巧和方法；任何对 Libra 的怀疑和指摘，都被他认为是阻碍他实现梦想的敌人。最后，Libra 自然不得不一而再、再而三地收获新的挫败感。

当我们形容我们自己是成长的，或者是成熟的，潜台词里是将我们视作一个有机的个体。既与外界保持着互通互联，自己也在不停地汲取养分，如果是一个有机体，一定也有好的、坏的不同的组成部分。一个成熟的个体，必须符合以上几点。一个人成熟的标志，也可以归结为以上三点：保持和世界和谐的互通互联，保持自己的学习、拥有吐故纳新的能力，正视自己的缺点。但如上的，Libra 似乎都没有做到。他还是仅仅如一个好强的小孩子，自私而勇往直前。

上帝说："自以为无罪的人最有罪。"Libra 一方面觉得这个世界强迫他做了无数的妥协，另一方面又觉得自己可以靠着过去的经历就能理所应当地成熟。Libra 永远没有觉得自己犯错了，他是一个可以让上帝失业的人。我们应该一想到如果我不犯错，那上帝都没有宽恕别人的机会了，应该为此而快乐并发现自己的错误，快乐地改正自己的错误。但 Libra 不会，或许天堂的天使都害怕他去，因为他没有错，而天使都会有错误。这或许才是 Libra 真正的问题。

这让我想起 LEGO 玩具，我曾经给 King 买了一套赛车及维修站。

King 迫不及待地打开包装，就准备装，我问他："说明书看了吗？零件都按照样式和颜色分类了吗？不同组件的组合方式都了解了吗？"

"这对我是小 case，我巡洋舰都拼了呢。按照那个说明书，今天我拼不完的。"

"那你试试呗。"

半个小时后，King 求助："爸爸我干不了这个，这个太难了。你帮我吧。"

我默默地先零件分类，颜色分类，依据说明书把车子拼起来，然后叫 King 回来看，问他："漂亮吗？"

"还行。"

"那好，按照这个方式拼吧。"我把拼好的拆散，打乱。

King 重新燃起斗志，花了一下午把维修站和赛车完全搞定，跟一圈人打了电话和视频炫耀，满满的成就感。

或许人生的成熟也如此，你可以拒绝别人的帮助，因为这样你会觉得没有参与感和投入度，但你想成功，有些必要的原则和流程必须学习，而这些流程和原则不是为了制约你或是让你觉得"被迫"做什么，而是你可以去学习别人如何正确，只要不单纯接受结果就行。

其实最终我们的探讨有点儿不欢而散，因为我也想不出除了继续学习和了解真相之外更好的解决办法，而 Libra 自始至终都拒绝去做这两点。

我们把我们的意志强加给我们爱的人，爱如果是一种行动，那也是希望所爱的人能独立地存在和快乐地生活，但我们更多的是打着“我为你好”的借口，去实现自己的想法，去扼杀所爱人的未来。

然后，我们又通常把自己的失败归结于外在的因素，埋怨这个世界或是人生没有给予自己机会，也经常会觉得自己是被迫做了很多自己本来不愿意做的事情。但我们不愿意承认，我们的选择很多时候仅仅是对安全的渴望，是对不确定未来的一种逃避。

我们也会不承担选择的结果，或是选择的责任。我们更愿意得到好的结果，而不愿意承担选择必需的责任。这样我们很容易陷入，一方面觉得这个世界强迫我们做了很多事情；另一方面，每一次的选择都让我们追悔莫及。而成熟的选择来自于自己对自己的认知，与世界的互通互联，自己不停学习的能力。

To interact：

1. 尝试写出自己对孩子未来期望 20 条；然后分析，多少是让他成为快乐的人，多少是让他适应这个社会，多少是你想实现自己曾经的梦想？如果让你简化成三条，又是什么？

2. 你确认你有选择困惑症吗？如果是，你每次选择是觉得如果不选择这项，我会损失什么，还是担心自己选择的项目让自己不快乐？选择后你后悔是因为没有你想象的好，还是觉得上次选择应该选其他的？

3. 你会不会觉得是这个世界逼迫你做了很多你不愿意做的事情？那你所谓的随心所欲，是不是也会如Libra一样的，抛弃最基本的原则、准则才算称心如意？

担当选择，跟大城市小城市无关

在静心小组的这几年，我发现一个有趣的文化问题。东方哲学，一般会认为你是没什么问题的，仅仅是偶尔的迷失，加强自己的道德和行为约束，自然会走入正轨，但西方经常会通过一些实验和测试，甚至通过基因研究，将很多的心理问题归结于一些疾病状态。西方的思维，让真正觉察自己心理问题的人，能尽快地进入心理治疗或是疏导、干预；而东方思维很容易就将问题交还给社会："我没问题，是这个社会出了问题。"这也让很多人失去了心理调节和干预的最佳时机。

而我希望静心小组和阅读小组，多少能成为大家认知自己的一个方式。在秋天的时候，我遇到了 Oak。

Oak 来自于中部的二级城市，研究生毕业在北京已经五年了，在北京娶妻生子，65 平方米的二手房，买得起车但没法儿使用，所以也没买，夫妻收入稳定。夫妻都已经离开自己的专业，但学习能力都不错，于是在各自的公司都是中坚力量。孩子也可爱健康，双方父母也很配合，还能贴补他们或是千里迢迢来照顾饮食和带孩子。他们俩应该算一头扎进北京那群人里较为出色和优秀的。

但 Oak 很不快乐，甚至有点儿抑郁。当然难免这个年纪，缺乏锻炼、饮食不规律不恰当、睡眠差压力大、自己孤立自己、交流少思考多，这些容易引发抑郁的习惯都有，但 Oak 的生活也算美满，闲暇的日子也丰富而有趣，未来看似迷蒙却也有坚定的路可走，Oak 和妻子却总是莫名地焦虑和烦躁，甚至出现了互相的指责和争吵。开始以为是身体劳累和生活枯燥，Oak 和妻子去旅游，参加夫妻感情增益班，进行各类的身体锻炼，却发现没什么好转。

与 Oak 的静心沟通中，Oak 的内心也渐渐显露出一些内在的想法和问题。Oak 对于自己选择在北京，前期是充满希望和梦想的，一是可以从二线城市死水微澜的生活里逃离出来，另一方面可以让自己跟紧时代的步伐，不至于被淘汰。但这几年发现，在二线城市的朋友们，活得也不错，也成了社会的中坚力量，而且生活的压力和焦虑没那么强烈，反倒是自己，压力和焦虑让自己有点儿手足无措。之前认定的二线城市机会少，关系复杂，城市指数低等等弊端，似乎也不那么重要了。一想到当初自己的选择，Oak 就莫名其妙地感到后悔，Oak 甚至动了逃离的念头。

于是我给他看了一则心理研究成果：

加州大学伯克利分校的研究者们把自我价值的膨胀或泄气感受同诸如双相情感障碍、自恋型人格障碍、焦虑、抑郁等联系起来，为贫富差距的不断扩大可能对你的健康不益提供了更多证据。“我们发现，考虑追求权力的动机，一个人取得多少权力的信念，获取权力的过程中的有利社会和进取的策略，和获取权力相关的情绪等问题，是很重要的。”

在伯克利由专人引导600多名男女参与的研究中，研究员们推断一个理论，拥有明显社会地位或地位缺乏的人，在本质上有精神疾病的可能性比较大。这些结果为评估“野心勃勃”“对领导不满”和“傲慢”等性格特质，理解精神病理学提供有力的支持。

“那些有抑郁或焦虑倾向的人被认为在获得成就时的骄傲感更小并且对权力的欲望也小。相反，那些在狂躁危险边缘的人，有迹象表明他们更容易骄傲并且重点关注对权力的追求，不顾人际交流的成本。”

也可以这样说，在社会的底层和富裕阶层的这些人，心理疾病发生的可能性相较其他稳定阶层大得多。而绝大多数人，对于社会地位的认知是较为稳定和现实的。

“给我分享这个，什么意思呢？说明我已经病了？”Oak 有点儿不安。

“恰恰相反，说明你没病，你的病是逃避罢了。社会阶层的顶端和低端，之所以拥有精神病的潜质，是对社会地位支配权的错位认识，而作为中产阶级对自己的定位是没问题的。”

“你能说得明白点吗？”

“好，往明白了说，在社会阶层的两极，可能都是一群精神病人，而你不是。也就是说，你觉得现在很焦虑，你觉得可以回到二线城市，就会有大的发展。其实回去了，你得到的结果或说你得到的社会地位，和在北京差不了多少。”

“你说的意思是，我永远不是社会底层的那20%，也不会成为社会顶层的那20%？”

“就是这个意思，你对北京提供的社会资源觉得是理所应当的，但对自己在北京打拼需要受的苦，或是梦想达不成，耿耿于怀。你觉得环境制约了你，于是对自己当初的选择开始怀疑，然后就美化了二线城市的机会，想逃避当初的选择。而实际上，最终你就算回到二线城市，你一样会开始焦虑，因为梦想难于达成，社会资源比北京还匮乏。”

“你是觉得我无药可救了？”Oak 有点儿意兴阑珊。

“那倒不是，解决起来也不难：第一明确自己的选择是对的，其实事实证明你在北京的这几年也还算不错；第二融入这个城市，你一直在比较自己和北京本地人的差异，其实你已经是北京人了啊；第三尽可能地利用北京的社会资源，这个需要你去发现和享受，我就觉得北京什么演出、音乐会、讲座、展览、医疗、交通都很值得羡慕；第四订立目标，在你前一个目标‘在北京站稳脚跟’达到后，你忘记新的目标了，人生目标可以让你更健康更长寿哦。而你逃避的，除了选择需要担当的后果之外，是不是也同样是逃避这些你现在应该做的？”

“支配行为体系”是人类和其他哺乳动物评估他们在社会阶层中的地位，然后相应地做出是合作还是避免冲突和侵害反应的构想体系。这个概念是基于进化的原理，位于支配地位的哺乳动物更容易获得资源来繁衍生殖，保证自己物种的生存，保证自己的基因可以传递。而我们绝大多数人，在这个体系里的表现是中规中矩的，自己对自己社会地位的评估和事实情况是差异不大的。也就是说，**我们对现状的不满，通常来源于对之前选择的后悔，再就是对选择后结果拒绝全盘接受。**

我们在不同的城市生活，需要我们全然地去接受全部，不是我们不能抱怨或是不能促成改变，但确实需要我们首先要融入这个环境，并改变自己。这个和大城市小城市无关，Oak 所有的努力是逃离这个城市，或是逃避自己的选择，逃避担当自己当初的选择，这样的 Oak 一定不会快乐起来。

弟子和洞见师父去听东波禅师说法。

东波禅师讲法的时候，没有坐相，箕坐恣意，一边抠着脚，一边说法，说到高兴的时候，大呼小叫，唾沫星子都喷到洞见师父和弟子的脸上。

说法结束，回来的路上，弟子问洞见："师父，东波这样的大德高僧，为什么这么不检点呢？佛祖都会怪罪他吧！"

"你注意到了他抠脚和唾沫星子喷到你，你看到的就是这些。而我，看到听到的是佛法。"

职业规划是人生规划吗？锚定自我

秋天里，我愿意经常出去走走，于是能遇到很多有趣的人。Form 是猎头公司的高级顾问，定期会来找我聊天。

Form 是知性而雅致的女人，曾经做过广告业，在平面媒体衰落后，在寻找 offer 的过程中，在被猎头带着去各家面试的过程中，Form 觉得这个职业一是适合自己，二是有成就感，于是毅然加入了猎头公司。前边行业的铺垫和自己长袖善舞的公关能力，让她这几年也算风生水起。

猎头公司因为竞争问题，普遍增加了职业规划、培训、咨询等业务。出于好奇，我问 Form 要了些培训计划和职业规划的资料学习，有了好玩儿的发现。在猎头公司里，每一个人都被各类数据分析和测试结果所代替，除了那张照片之外，能力、特点、性格、特长、经历都被完整的数据替代，而他们对客户的需求也经过了严格的数据分析。基本上，数据的匹配是他们选择是否推荐的出发点和立足点。

“那你们如何说服你的客户你推荐的人是适合的呢？又怎么说服寻找新职位的人呢？”

“说服客户是最简单的，我拿相对完善的数据进行分析，并将他们的需求进行分解和权重划分，这样他们的选择就可以进行排序，我再推荐合适的人就可以了。”Form相当专业，“但难点其实在于，就算我们对我们的资源，也就是那些求职的人，进行了详尽的数据分析，尽可能地客观和公正；但最难的是让他们相信我们的分析。普遍遇到的问题是，他们自视都很高，对自己的能力都会有错觉，较为高估自己的价值和能力，对于我们推荐的职位又普遍觉得不匹配。这也是为什么我经常找德老师聊天的原因，我需要合适的方法去解决这个问题。”

“Form，那你会出同样的问题吗？就是你对自己错误的估计，造成你自己的困惑？”

“有啊，过去我一直觉得我就适合在广告业，我的特长和专业都是广告，我也做得不错，就算衰落，在这艘船沉下去之前，我也是会活得不错的那拨人。但等我接触了猎头，发现其实我的能力是与人接触的能力，不是什么专业知识、行业专长，那我利用好我真正解决问题的能力就行，所以换了行业也还不错。”

“那这些你说的错误估计的人，都有什么特点啊？”

“第一是选择的职位，一定比现在高，但永远忘了你既选择更高的职位还选择更大的公司，这几乎是不可能的。再就是行业禁锢，普遍觉得自己要选的职位，一定是自己曾经经历过的，全新的一般都会选择放弃。供需双方都这个问题，我还老拿我的经历去说服他们，效果一般。还有些将自己的特长无限扩大，觉得一招鲜吃遍天，但他们忘了，在低级职位中，特长是显露头角的倚重点，真到了高职位更多看重的则是性格和解决问题的综合能力，很多人都倒在了中层核心向高层核心转变的关口上。”

“那你们的数据分析，将人进行数据分析，最多也是对他们过去的总结和现在的分析，那你怎么确定未来同样是适合这个职位的呢？”

“没错啊，我们发现这点了啊，所以我们现在的业务很大成分是咨询和培训，咨询保证对他进行适度的职业规划甚至适度的心理干预，培训来解决能力和职位之间的冲突，对他的未来进行能力储备。”

“那他们对职业规划和培训认可度高吗？”

“职业规划还行，但是咨询不行，他们觉得自己更需要寻找的是我适合做什么的，而不是我还要学习什么；培训也一样，针对性的培训费用高，他们也觉得猎头公司是找机会赚钱，自己其实没那么差。”

“那你觉得作为猎头或是咨询，给这些人最好的建议是什么呢？”

“第一锚定自己的价值，这个价值是现在价值、社会认可价值、自我认定价值的加权平均，尽量减少自我感觉不错造成的偏差；第二所谓的能力是社会资源和解决现实问题的能力，不是你在某个行业的经历，我见到有大突破的，既不会在一个行业一直驻留，也不会频繁转换，跨行业的知识反而能帮了大忙；第三就是不停地学习和改变，让自己随时都有能力储备。”

“那你对自己的未来又是如何规划的呢？”

“咨询师，关于管理、关于职业生涯的咨询师，这是我努力的方向和梦想。谈不上规划，因为我要达到的，不是什么时间、得到什么报酬、到达什么状态，所以不算是规划。”

Form应该算是进了一家良心公司，这个职业的转换对她也是自我选择的结果，而且结果还不错。锚定价格是社会交易里经常用到的心理技巧之一，先期锚定价格，在交易当中会将讨价还价的过程限定在自我接受的范围之内，取得定价和成交的主动权。但锚定自我价值，在我们的人生生涯里，经常会出现错位。对自我的高估和对这个世界的低估，是造成我们职业生涯不顺畅、生活感觉糟糕最主要的原因之一。

任何的职业规划和锚定自我是一样的，都是对过去经历的总结分析和对现在状态的了解。锚定是个随时需要做的事情，定期的锚定自我是对自我梳理和认定的过程，但锚定是为了更好地启航，这也像职业规划，更多的是给自己一个未来的可能性和对现在需要学习什么的提示。“我们航行在生活的海洋上，理智是罗盘，感情是大风。”“理想如晨星——或许我们永远触碰不到，但我们可以像航海者一样，借星光的位置而航行。”我们既不能因为看到灯塔，锚定自我后不再继续前行，也不能在锚定自我的过程里脱离自己的实际。

锚定是为了更好地启程，错误的锚定只会摧毁我们未来的航行。职业规划、性格分析、能力测试，都是寻找出我们需要学习的点，而不是将我们的能力固化。Form在自己的职业生涯和生活里，通过对职业规划的了解、对自己的准确锚定，将职业的发展变作了自己的生活规划、人生规划，甚至最终确立了自己的理想和梦想。这是我这个秋天最大的收获之一。

你有多害怕享受幸福？

“如果你有朋友的话，那朋友里一定有卖保险金融产品的。”这是我一个朋友回答我“日常生活里金融业务有多普及”问题时的回答。秋天枫叶刚刚开始变幻不同的颜色，雏菊开放得如云彩般耀眼，Skuas 进入了静心小组。

我比较反感借助这个环境进行推销什么的，我也敬告了Skuas，他也很好地实现了诺言，基本相安无事，我也逐渐祛除了对他的敌意。Skuas 是有强大内心的人，坚定而有些微的偏执，静心小组“打破外壳”这个项目就在他这儿持续失败。如果他一直持续不能放松下来回归原始状态，静心的其他项目开展不了。于是，我和他一对一做最后的尝试。

“Skuas，你做保险金融是专业的还是业余的？”从 Skuas 自己的标签开始，便于解决问题。

“业余的，是我在家庭理财之后，有点儿心得，算是对朋友们做理财的免费培训，还可以增加我的收入。何乐而不为！”

“那理财的原则是什么？”

“订立目标、保证流动、风险组合、收益兑现。简单说，你要保证钱的流动，钱本身的意义就在于交换嘛；收益和风险是成正比的，也不能把所有鸡蛋放到一个篮子里，所以要进行组合；收益获得了，除了弥补损失外，要分解后有些继续进入流动环节，有些就可以享受了啊。”

中间了解，Skuas堪称青年才俊，没有名校背景和家庭背景，一个人在这个城市闯荡，也没有创业，没什么大的成功和成就。他利用自己对数字的喜爱，自学了金融保险的知识，点滴汇聚，28岁就完成了有车有房的小梦想。后来除了本职收入和金融理财外，Skuas像个职业掮客一样，又利用人脉圈子和信息源做成了不少倒手小生意，收获颇丰。最得意的事情是，将现在住的房子卖掉，却和购买者签了一个三年租赁协议，然后去分期买了套更好的期房。据他讲，那个期房交房加装修，刚好这边的租赁到期，期房又漂亮又大，还便利，那时候他就可以过上幸福的生活了。

“那你现在不幸福吗？”刚好可以将问题转到Skuas的内心问题上。

“幸福？我不够成功啊，我的理想还没有达到啊。我的目标是拥有三处房产，其中商业、铺面、居住各一套，大小无所谓；钱我该买保险的买保险，该是股市和金融理财的我也分得清，再一部分我放到国债里，手头再留些。这样我就可以辞职，做点倒手生意，过过幸福的生活了。”

“在同辈里，你算优秀的啊。不知有多少人羡慕你的生活状态呢，觉得你幸福，但是你反而感觉不好，为什么呢？”

“你说的那种我知道，现在太多人就是和身边人比较，一比较就觉得自己不好，生活不好、工作不好、家庭不好，其实说白了物以类聚，人以群分，你周边的人和你差不到哪里去的，也好不到哪里去。这个我懂，也不会和他们比较，也不在意他们说什么。我有我的目标嘛。”

“那你目标达成了，会不会有新的目标出现？或是这个目标接近完成了，你新的目标已经出现了？”

“这个……这个我倒是没想过。”

“那也就是说，你永远没可能享受幸福，因为你的幸福永远在未来？”

“幸福不是属于未来的吗？我现在还年轻，我可以继续拼，我对我的脑袋和身体还是有自信的。”

“那你的幸福就是驴头前拴的那个胡萝卜，不管你快还是慢，你永远够不到，但是那个胡萝卜一直在那里诱惑着你，你就一直地往前走？”

“这个……驴？”

我们经常拿着动物去形容周边的人，有些人是黄牛，干活儿卖力，从不享受生活；有人如猪，今天吃了今天就幸福，至于外面的幸福、未来的幸福无所谓；有人是野猫，该享受的时候享受，不好的日子也混得下去；有人是狗，主人给的永远是好的，给的不好了，倒是埋怨自己是不是犯了错；有些是麻雀，叽叽喳喳，总是一群群的，没有什么差别，互相还都看得顺眼；有些是松鼠，不停地囤积，至于未来能不能用到或是找到，反正我现在要囤积；有些是燕子，环境好的时候我来了，环境不好我就换个环境，虽然奔波但是还算满足……Skuas 像一只松鼠，因为担心未来，把现在的所有时间都用来做囤积，也在内心建立一个目标，驱赶着自己像只驴一样的不停前行。

“幸福，是指一个人的状态得到改进而产生喜悦、满足，以及感恩、富足的心理感受。幸福不是状态本身，而是状态的改进。一种持续时间较长的对生活的满足和感到生活有巨大乐趣并自然而然地希望持续久远的愉快心情。”“积极心理学”之父马丁·塞利格曼把“幸福”划分为三个维度——快乐、投入、意义。每个维度的幸福都是好的，但是将浅层次的快乐转化为深远的满足感和持久的幸福感是一件益处更大的事情。

这里，Skuas 的问题显而易见，**幸福是和过去一段时间状态的比较，而不是和你未来想要达到的某个目标进行比较。在你为了你的人生投入更多、寻找到更多的意义，并努力寻找到更多的愉悦感和快乐，你的幸福感就来到了。当我们学会不再与自己周边的人比较，自然是一个进步，但纠结于未来的目标，因为未来的目标造成现在的不安全感和对现在生活的焦虑，这才是我们不能享受自己生活需要解决的心理问题。**

当我们把我们的生活进行分解，并获取尽可能多的愉悦感，在不担心这些愉悦感随时地消失、持续保持这样的状态之后，幸福感也就随之而来。但是如果你梦想的达成是瞬间的某种状态，这种即时的状态并不会给你带来幸福感，最多是满足和愉悦，这个和性满足或是巧克力的美食满足没什么差异，而如何保持这种愉悦感，将一段时间的愉悦感延续，又保证自己在里面的投入，这才是幸福的法则。

德比去拜访村子里的百岁老人，老人已经 105 岁了。

“您好，您长寿的秘诀是什么啊？”

“我心情开朗，按时吃喝，病了我就去看医生吃药，我还锻炼身体，所以我活到今天。”

“你每一天都这么幸福吗？我爷爷也和你一样，那是个多好的老人啊，却已经死去了。那你还有什么秘诀吗？”

“我的秘诀，就是我坚持的时间比你爷爷更长。”

我们接受自己的选择，却不能接受选择的结果，然后寻找理由埋怨这个选择，而这其实是逃避现在生活的另外一种方式罢了。担当选择，并享受环境，接受环境才能让自己在大城市和小城市之间都获得生活的快乐。

锚定自我或是职业规划，是明白自己所处的位置，现在的价值，未来的方向，未来需要学习的东西。并不是利用锚定自我去进行交易，也不代表今天的成功就是你未来的成功，或者今天的生活你需要一直以这种状态走下去。

幸福是一段时间的状态延续，也是与过去生活的比较。未来的目标不影响你享受现在的幸福，如果你把幸福交给未来，你也永远得不到幸福感。如何发现快乐、创造快乐、享受快乐才是你在当下是否幸福的关键。

To interact：

1.列出你认为影响你人生的几个重大选择，有多少的选择你是后悔的，再来一次机会的时候，你是否还是如此选择？如果选择其他的，你能接受选择后需要面对的事物和变化吗？

2. 列表写出自己的能力，将行业知识和行业经历画掉，你的能力还足以在这个社会立足，或是保持现在的生活状态吗？如果不能，需要学习什么呢？

3. 试着回忆自己感到幸福的片段，然后和某些愉悦的感觉进行对比，然后是否能分辨愉悦和幸福的差异？那你现在幸福的感觉能延续吗？你为延续这种感觉又做了什么努力呢？

选择是一个开始，不是一个结果

秋深的时候，收到Rose快递的茶叶和螃蟹，Rose一直将我视作老师，于是我接受起来也没什么心理负担，倒是很关心她现在的状况。

Rose的婚礼是我参加过最豪华而不失浪漫的婚礼之一。白色的婚纱，在玫瑰花的簇拥里，戴上戒指的一刹那，唱诗班婚礼进行曲浅吟低唱，泪崩的Rose和满脸坚定幸福感的丈夫，成为在场每个人记忆里最美好的场景。

Rose和丈夫经过了5年恋爱长跑，他们的结识很符合对缘分的描述。Rose和朋友一起自驾游，在川藏线的路上，车彻底坏掉了，同行的车辆去寻找救援。Rose和几个同伴等待，她未来的丈夫也自驾游经过，以为是单车出了问题，于是下来询问，了解情况后，看天已经晚了，就建议拉着他们到可以休息的地方。同伴有点儿狐疑，但Rose那时候还是个单纯小姑娘，也就拉着同伴一起上了车。

休息一晚，那边也传来消息，车子彻底坏了，需要拉回去，Rose要么选择挤上车队其他人的车，要么打道回府。Rose却做了一个惊人的决定，上了未来丈夫的车。Rose的朋友觉得她疯掉了，但是Rose感性地觉得，冥冥中似乎有声音指引着她去做，不仅安全而且还会收获意想不到的惊喜。

20多天的旅途，Rose也收获了爱情。Rose未来的丈夫是个健身教练、运动员出身，这个和Rose曾经的年少时的运动队经历很契合。虽然在相隔千里的城市，爱情和思念最终还是战胜了时间和空间，两年后，Rose未来的丈夫决定来到Rose的城市，将爱情见证为婚姻。Rose的父母兴奋地迎接了上门的女婿，Rose未来丈夫家也觉得能进入大城市是个好事情，称得上天作之合。于是有了那样浪漫而温馨的婚礼。

Rose夫妇筹钱做了健身中心，兼做一些美容产品，偶尔还会开一些静心讲座，这时候我被Rose开始称作老师。大约两年多，健身中心已经经营得很稳定了，我却被Rose告知，她离婚了。Rose告诉我不用问询她原因，也没必要再规劝，不是因为生意、婚外情什么的，就是双方不合适，他和她都觉得痛苦。Rose说，如果你一定要问为什么，回答就是一场东方式的离婚。

Rose信任地把健身中心交给了曾经的丈夫，资产上也并没有那么算计，自己倒是一个人去外地打拼，曾经的丈夫也很规矩地经营，利润对半，还经常去照看Rose的父母。我偶尔和这个男人聊起这件事，他说得最多的，也是自己的原因，却对Rose的问题闭口不提。于是，让我更有责任觉得应该了解一些东西。

我有意识地与Rose分享了一些爱情的问题和故事，还有一些静心小组里关于婚姻和家庭教育的案例，希望她给予一些她认为对的意见。通过她对这些案例和问题的分析，多少可以看出她对婚姻的理解，也就多少了解了Rose内心深处的几个问题。当她表述出对其他人婚姻和爱情的理解，并努力寻找解决之道时，多少会让我更了解她婚姻的真相，潜意识里也会影响到她对自己婚姻的判断。

首先，对于婚姻的渴望。很多的女孩子梦想的那一刻，仅仅是步入婚姻的殿堂，披上婚纱获得满满的幸福感。我们已经知道，瞬间的愉悦只是一种满足感，不代表幸福，但当对幸福只定义为婚礼的那一刻，将自己爱的选择、爱情到婚姻的过程，当作了爱的结果，那一刻来临的时候，Rose已经觉得完美地诠释了爱情。

其次，爱情是两个人的事情，婚姻就变成了生活的融合和彼此改变。Rose的丈夫在这个城市没有什么朋友，Rose却自顾自地继续在自己的圈子里娱乐和寻找快乐，Rose的家人对Rose丈夫的照顾无微不至，反而让他觉得无法接受和无所适从。

再后来，爱情里为了取悦对方，或是享受自己的愉悦。如动物界求偶的竞争，都会把自己最好的一面呈现出来，都倾注了无限的激情，发挥了最大的想象力，在没有拥有对方的时候，占有欲和排他的欲望，让两人彼此燃烧自己点燃对方。但当爱情走入婚姻，拥有和占有已经被确认，彼此更在意的是你是否还被我拥有和占有，而不是我如今做得怎么样。放松下来的精神，让彼此不再取悦于对方，甚至在外面战斗力十足，魅力无穷，回到家庭生活，成了两个无聊疲惫的人。

再后来，磨合期过了，似乎得到了一种表面上的平衡，在划分了各自的势力范围、能做什么不能做什么之后，两个人的隔阂开始产生了。他们没有属于两个人的生活，只有属于自己的生活。

他们共同的生活，也仅仅是健身中心、Rose父母。看似都给对方了空间，但忘记了，所谓的给对方空间的前提是，有属于两个人的空间。

最后，彼此的沟通几乎消失了，自己的喜怒哀乐都跟对方无关，只有那些可以展示幸福的东西，他们会配合着在朋友或是家人面前表现，而彼此在爱情消失后都不知所措，没有收获想象的婚姻，夹在爱情这一站和婚姻幸福的下一站之间，婚姻的车也彻底坏掉了，冥冥中完成了从相识的缘分到缘分消散的轮回，似乎也验证了“婚姻是爱情坟墓”的预言。

真的如此吗？

人类因为记忆方式的原因，会将记忆进行片段性地储存，也因为不停地设置人生的目标，于是人生被自我有意识地分解成一个个有开始和结果的片段。这样有利于人类对于时间的认识和对于自我变化的认知。人类随着环境的变化，进化的过程中经历的四季轮回、生老病死等等，更加加深了人对于关键时间点的注意。举个小例子，我们经常会遇到一个尴尬的情况，在这个房间决定去另外一个房间拿某样东西，出了这个房间门，进了那个房间，却忘了自己要拿什么了。简单地因为大脑认定刚才的决定只和那个房间有关，和这个房间无关。也就是说，我们的大脑会让我们分割自己的意识，因为空间、时间、状态的不同。

Rose就像那个出了门却忘了要做什么的人，踏入婚姻殿堂同样忘了要做什么。**但是婚姻是人生的选择，选择不是一种结果，而是一种开始。这在人生很多的场合都会遇到，当你选择了，就必须为这个选择做相应的改变，并构建相应的环境。人的生活，不是**

由一个个选择组成的，是由一个个选择后的改变和行动组成的。不管我们多么想保有过去的生活和快乐，要想得到当下的幸福感或是获取成功，都需要我们把选择当作一个开始，而不是一个结果。

Rose在帮我分析和解决我提供给她的案例后，也逐渐将自己的问题认识得很清晰了。最后我告诉她，你选择离开这个城市，你选择没有和丈夫计算得很清楚，你的内心其实也没有放弃这个爱情，那把婚姻当作一个开始，你就会幸福。Rose选择了归来，一切重新开始。

调解Rose的婚姻，或许是我这个秋天做的最有意义的事情之一。

是你选择房子还是房子选择你？

桂花开毕的时候，秋天已经即将离去。我偶尔会把桂花放在我的烟盒里，于是自己制造出桂花香型的香烟，这样在和女士们交流时，会得到抽烟的许可。

孩子的升学历程或是学习情况已经成为这个季节谈论的主题，我参加讨论心底的目的，是为了验证自己对King的教育是否得当，毕竟任何孩子的教育都是独一无二、没有可能重来一次的。

Attain是6岁孩子的母亲，我们笑话她是现代孟母，因为自从进入这个城市，房子是她永远的追求，及至有了孩子，就更加疯狂地关注房子。第一次买房，为了大环境和便利性，Attain却忘了自己的职业特性和工作地点，房子买了，工作没了。苦了两年，孩子要出生了，觉得周边幼儿园没有好的，狠下决心，继续买房换房，孩子的幼儿园问题解决了，自己和丈夫倒是需要各处奔波，Attain又不得不换了工作。近期Attain的生活主题是学区房，为了孩子的小学，被房地产商绑架了，估计Attain的工作和生活又要一番折腾，不知道她的老公是不是又要换工作了。

孟母时代，孟母靠着织布的手艺，换哪个居所都不太影响生活，Attain 这个“现代孟母”却为了孩子的教育，几乎舍弃了自己的职业生涯和生活。原先我一直认为，Attain 是随着自己的生活和生存状态才不得不做的决定，甚至买房多少有点儿投资和期待升值的想法，后边了解才知道，这个决定在她毕业谈恋爱准备结婚的时候就计划好了。第一、Attain 觉得自己和丈夫都是小富即安的性格，只有环境的变动才能让自己充满斗志；第二、Attain 在这个城市没有什么人脉资源，只能依靠这些房产的变化让自己有安全感和享用这个城市的社会资源；第三、Attain 觉得婚姻带来的不是人生，而是孩子的人生，只有一切为了孩子，自己才能有未来的指望;第四、Attain 认可“三代才能出一个贵族”，只有计划得当的人生,才能获取能掌控的未来,没有 10 年的计划，又如何能给每一年设定目标呢?

于是，第一次的买房就是为了融入这个城市，目标是最土著的本地人也要看不出来 Attain 是外地来的。Attain 通过居住在这个城市的中心区，获得了学习这个城市过去和现在的一切资源，还发掘出了这个城市更多变化的痕迹，没两年就可以操着本地话和各类人等聊生活、聊这个城市的细节。Attain 曾经得意地说，连小区的老人都把她当作本地人，给她唠叨埋怨外地人对这个城市的侵袭。

第二次买房，亏了一大笔钱，也要追求这个城市最优的社会资源,那个幼儿园是这个城市不管从历史还是现状都数一数二的。Attain 的孩子也被各类的兴趣班包围，Attain 和丈夫再一次地换了工作，虽然所有的朋友都羡慕他们能给孩子一个灿烂的未来和最优的环境，他们俩却为了这个原因，彻底放弃了自己的专长和创业的机会。

这一次，学区房不仅是让 Attain 血本无归，甚至把自己未来的 20 年拴在了这个房子上（贷款买房）。第二次的买房，已经让 Attain 家用有点儿拮据，再加上孩子的教育，生活的水平倒是退到了刚在这个城市打拼的时代。这次的购房，房子没之前的大，一个学区房的指标，就让 Attain 彻底地将生活变成了锱铢必较的状态。Attain 是无怨无悔，但是丈夫觉得自己这十年就是为了莫名所以的目标在打拼，而且似乎根本没有尽头，家庭的争吵也多了起来，但 Attain 的坚定还是很好地控制住了局面。

城市在不停地扩张，无数的外来人进入城市，希望自己能融入这个城市，这个城市为了接纳这些人，一方面设置了更多的门槛，物质的、精神的、文化的；一方面又因为发展，因为融入的这些人而发生不停歇的改变。这样的城市化才是活生生的和具有无穷活力的，但我们通常把城市当作一种社会资源，我们在享受这些资源的同时，希望成为既得利益者，将融入变成一种刻意的事情，好用来在面对新进入者时取得心理优势和占据优势资源。Attain 在把自己定义为一个外来者之后，十年的计划就是融入这个城市，而且是订立计划时城市的模样，一点儿不在意自己的人生和生活，也不在意这个城市的变化，把自己变成土著的同时，也拒绝了这个城市的变化。

人生最难的是选择，选择人生的道路一直是我们从小教育里的重头戏。但绝大多数选择的不是选择如何去走，而是选择目标和参照物，物质和社会地位作为人生目标代替了自己的生活和人生目标。Attain 的计划详尽而确实，有时间、有物质目标、有要做事情的详细清单，将自己的十年甚至未来的几十年都分解成了数字和时间，却没有时间享受自己的人生，享受这个城市的变化和进步。Attain甚至给自己的孩子也同样设计了详细完备的清单，将孩子的未来拴在了一个表格之上。

“选择是对不确定未来的一个预估，在不同选项下基于本能择取的选项。”动物本能和自然属性，都会让我们选择更有利或是更安全的选项。但选择不是计划，不确定的未来是现代社会最大的特征之一，如何在计划和不确定间寻找到平衡才是我们真正成熟的选择所要面对的问题。现代社会，“当下的选择”成了我们每个人需要面对的问题，外部世界的变化快得让你既不能考虑自己的过去，也没可能给予你后边几年的信息，来让你预判。你能做的似乎只有第一学习在当下选择，第二尽可能地享受当下，第三培养自己面对未来的能力而不是计划未来。这样，也就不会忘记享受自己的生活，也能给自己的家庭带来最快乐的生活，这或许才是融入这个城市最佳的选择。”

有一次，和Attain一起招待外地的朋友，寻找这个城市最有特色的美食。在食物上来的时候，Attain给大家细述了小吃的历史由来和典故，让我这个土著觉得甚是汗颜，看着热腾腾的食物，看着大家侧耳倾听，目不转睛，停杯放箸，忽然我觉得我们不是来享受这个美食的吗？还是我们在享受这些历史？

这让我想起《百喻经》里的愚人集牛乳的故事：

昔有愚人，将会宾客。欲集牛乳，以拟供设。而作是念：“我今若豫于日日中毂取牛乳，牛乳渐多，卒无安处。或复酢败。

不如即就牛腹盛之。待临会时当顿毂取。”作是念已便捉牸牛母子，各系异处。却后一月，尔乃设会迎置宾客。方牵牛来，欲毂取乳，而此牛乳即干无有。时为众宾或嗔或笑，愚人亦尔。

欲修布施，方言待我大有之时，然后顿施。未及聚顷，或为县官水火盗贼之所侵夺，或卒命终不及时施，彼亦如是。

梦想离我们有多远

每一个成功者，或者说外部世界看起来很成功的人，总是有特殊的才能或是技能，甚至包括性格特点。Libra 即是如此，他有良好的美和艺术的感知力，再加上足够的执着、做事的义无反顾，拥有不安于现状永远寻找突破点的性格特点，这些都带给 Libra 事业和人生的成功，也给他的人生带来无数的光环。

但这两年，或许因为成功带来的禁锢感，或是成功带来的满足感逐渐消失，Libra 在不停地寻找自我的突破，当职业经理人和 Shadow 都没能阻止他开始新的业务和踏足新的行业时，问题如前所述，因为自身的缺点，问题接踵而至。但 Libra 永远坚信："我发现了行业提升的点，这个点一定能带给我成功。""有目标的人，目的感会减少压力对自己的影响，我一定要坚守我的目标。""梦想总是要有的，否则这个人生多没有意义。""现在不突破，没有危机感，未来一定会被市场淘汰。"这些看着有点儿偏执和狂躁，甚至有点儿焦虑的话，倒是很符合社会上占据支配权的人群常说的话。

Libra 将公司做了彻底的重新梳理，并为新的行业产品投入了绝大多数的资金，并起用了一批跟随自己多年的老员工，推出了全新的营销模式，将自己赖以为傲的设计又一次全面展现在产品组合、店头环境、营销流程里。自己也下到一线，并让Shadow重新进入到业务细节的管理中，上下协力，其利断金，因为老板事无巨细地介入，整体的运作似乎马上飞速旋转起来，执行力得到很好的体现，团队的合力似乎也在Libra的期望值之内。

但很快，发现真正维持这个企业运转的利润、现金流、销售额都在下滑，自己的模式设计似乎出力不出工，执行力带来的是责任上推，每个人的建议似乎都很正确，但最佳的选择是什么，却让Libra头痛不已。问题推到前期的职业经理人吧，已经改变的模式似乎不能解释；市场原因吧，竞争对手的蚕食却似乎非常有效。比起市场的冬天，自己公司的冬天更加寒冷。

在Libra一次次的震怒和数不清的会议之后，员工开始互相攻讦，似乎是个别部门和个别员工的问题导致了新模式推广的失败。Libra又一次地变换了人员，本着制衡竞争的想法，重新梳理了组织架构，希望这次能有所好转。

但Libra这次又失望了，销售似乎有了点增长，但细致研究数据和流程，发现销售是在穿新鞋走老路，真正的销售增长还是延续之前的销售模式。最近的一次总结，大家反应的问题和一年前没有任何区别，甚至被描述得更加严重，而Libra似乎面对的是一堆复杂的麻线，如何解开没有任何头绪。

Libra遇到的问题，我们每一个人都在遇到。没有梦想的时候，我们活得似乎还不错。真正开始拥有梦想的时候，却发现梦想根本就是由各类问题纠结起来待解的线团，不解开这些线团，梦想就永远达不成。真下决心解决这些问题，却不知道哪个问题重要或是必须先解决哪个问题，哪些问题又会诱发新的什么问题。梦想瞬间就感觉虚无缥缈，似乎离我们遥不可及。

先不说 Libra 经营管理知识的储备，或是对市场的预判，人员的管理。当下需要解决的无非几个问题，第一要把表面的执行力或是看似和谐的团队气氛，调整到真正地可以分担压力和解决问题的方面；第二保证个体的利益和公司的利益一致，在绩效薪酬、流程设计上，要先于模式改变，没有利益做导向，也就没有新模式和新流程的良好运转；第三建立专有的信息渠道，一方面收集底层信息和反馈，一方面能很好地传达顶层意志。这是现在需要做的，也一定能做到改变现状的。

但如果我们继续挖掘 Libra 的内心就会发现，Libra 其实犯了一个我们经常犯的错误，只是他更严重罢了。他犯了“解决方案厌恶症”，基本思想是：“如果人们对某些问题的解决方案产生反感的话，他们不太会相信这些问题可以构成威胁。”这个和“损失厌恶”“味觉厌恶”“风险厌恶”等等一样。我们既可以利用“厌恶”心理去做一些诸如戒除毒瘾、缓解依赖症、祛除不良习惯等的治疗，也必须随时随地关注自己是否落入了“厌恶”的陷阱，特别是我们开始我们的梦想之时。

我们重新规整 Libra 的问题，就变成了：第一、老员工有明确的利益诉求，在利益得不到保证的时刻，不仅不会支持公司的变革，甚至会出现挖墙脚、挣黑钱的问题；第二、现在的模式变动，应该基于前任职业经理人的管理模式，进行调整并推行新的模式，因为对职业经理人的厌恶，造成全盘推翻，公司体系出现混乱；第三、Libra 自己的问题他永远不愿意面对，善变和犹疑，承诺难于兑现，对于负面、反面意见有抵触情绪，一方面对梦想达成极度渴望，一方面却对细致工作、数据分析、流程再造、管理知识、信息源建立等排斥；第四、也是最重要的，以上的问题是关键要解决的问题，但 Libra 陷入了“解决方案厌恶”，不仅觉得这些无足轻重，甚至觉得这些问题就不存在。

梦想每个人都会拥有，梦想是由一个个小的理想一步步搭建而成的，而每一个理想除了目标之外，就是无数的问题，只有解决了问题才能达到理想的目标。于是我们一开始向梦想出发，似乎出现的永远不是希望，而是无穷的问题，我们一般会归结为这个世界、这个社会，甚至某些人阻挡我们的梦想，但事情的真相是我们对于问题的解读出现了问题。

我们经常遇到的困惑就是，什么问题是最重要的，什么是必须解决的。这个除了常识性的判断之外，我们需要注意“解决方案厌恶”的影响，将问题一一列表的时候，那些明显是因为“解决方案厌恶”造成的被轻视被忽视的问题，或是没有列举出来的问题，就是我们迈向梦想需要优先解决的问题。

我通过邮件发给 Libra 两个小故事，也不知道最终他如何解决了自己的问题和解决了梦想的问题：

小熊手里握着糖，问小兔子：“小兔子、小兔子，你能猜出我手里是两颗糖，我就把糖送给你。”

“你手里一定有我爱吃的胡萝卜，一定是胡萝卜。”小兔子高兴地说。

德比是虔诚的佛教徒，他每天都给佛祖上香，求佛祖能保佑他买彩票获得大奖，日复一日、年复一年，德比老了，还是那么贫穷可怜。

“佛祖啊，我对你是那么虔诚，我有一点儿钱都会买香和贡品，我吃不饱饭都供奉你。你为什么这么点要求都不答应呢？”

“你倒是去买一张彩票啊……”

我们经常把我们的生活分解成一个个的结果，选择了似乎就可以得到结果。爱情、婚姻、事业、职业，但选择其实是一个开始，是变化和学习的开始，面对每一个选择，我们需要了解的是我们还要学习什么、改变什么，这才是选择的力量。

人生不停地面临选择，但不能因为某一个选择就禁锢我们的生活，选择是开始走一条道路，但生活和人生是走在道路上时的感受和幸福，如果我们的选择是一个计划，既没有考虑到环境的变化，也没有立足让自己更快乐，那这样的选择既不成熟也是错误的，选择永远是当下每时每刻发生的事情。

梦想永远不远，但梦想和现在之间的屏障，无非是生活和人生各类的问题。问题的解决才是梦想和理想的达成，错误的认识问题，不管是逃避问题还是错误理解问题，甚至对问题视而不见，梦想永远是梦想，不会变成现实。

To interact：

1. 你会不会仅仅因为自己的情感就去要求一个结果？比

如，因为我爱你，所以你要怎么怎么样，而我只要明确爱你就可以什么都不做？或是如 Rose 一样，把很多的选择当作一个结果而不是一个开始？

2. 你订立的目标，是不是更多是物质的、时间量度的，人生选择这条路上你该如何享受当下的快乐，让幸福变成当下的选择？

3. 你最常见的问题是什么？在每一次建筑梦想的时候，你会把这些问题当作必须解决的问题吗？每一天开始面临的问题，可否用文中的方法先行进行列表和分析？

Part Ⅳ　没走过的是路，走过的才是人生

世界在我们眼里的样子和我们在世界眼里的样子

初冬的时候，我接受朋友的邀请去给员工们做培训，因为他们有专业的营销技能培训，通常我被要求做的都是一些涉及自我认知和自我管理的培训。朋友的公司以营销业务为主，自信和适应团队的能力一直是培训里面的重点。虽然从营销学上讲，没有不适合做销售的人，但是培养合适员工一直是公司的大问题。

我做的自我认知培训是从小的游戏开始的：第一步先将人员每七个人分为一组；第二步让每个人对自己组别里的自己认为熟悉的和认为是朋友的，和那些认为不是朋友或不熟悉的进行自我区分，分成两部分；第三步让所有组员针对其他组员每人列出10条优点，10条缺点；第四步每个组员也列出自己认为的自身优点和缺点（以上步骤信息都做保密）。然后每一个人都经历如上的步骤。

然后输入电脑，进行分类，仅显示内容（保护个人信息）。

非常有趣的事情发生了：

1. 通常组员自己认为关系不错的、熟悉的、是朋友的，未必和对方认为的匹配，偏差度不一。

2. 自己认为的优点和缺点，在认为相对熟悉的人里面，契合度比较高，差异不大；如果彼此并不认为是彼此熟悉的人，相差度较高。

3. 自己认为的优点，在其他人眼里成为缺点的概率也比较高；而自己认为的缺点，在熟悉与不熟悉的人认识里，缺点契合度都高。

4. 自己认为的很多优点，属于内在性质，对于外部来讲因为观察不到，经常没有认可值。

5. 外部认为的优点、缺点通常和交流能力、业务能力、道德行为、外表等有直接关系；而自我认知的优点和缺点，自我性格或是喜好占据的份额相对较多。

6. 绩优员工通常在外部认可和自我认可间偏离度最小，而其他员工偏离度较大。

……

我把这个培训叫作“外面的世界”，可以很好地对现有的员工进行自我认可度、环境和谐程度排序，同样也可以发现需要提升和淘汰的员工。个人对自我的判断与外部世界对自己的判断，偏离度越大，你感觉到的压力就越大，外界和自我的冲突也就随时产生。这里面有几个最为突出的问题：你认为自己的优点是别人认为的缺点，你认为的朋友其实并不认为你是朋友，别人都认为的缺点你既不认为是缺点也不认为是优点、毫不知晓，你认为的优点没有一点儿环境内的认可。其实，你和环境的冲突基本就此不可调和，冲突的来源和冲突的强度都与此有关。

寻找在环境里适合自己的位置，并追求相对和谐的状态，并得到成长和成功，是我们人生的目标之一。但世界在我们眼里的样子和我们在世界眼里的样子很难完全吻合，除了我们知识能力缺失的原因外，更多的是自我认知和环境对自我认知的差异造成的。

一个人的成长和心智的成熟，既需要认真面对自我对自我的认知，也要兼顾这个世界对自我的认知。这个世界需要环境的和谐和良好的互动关系，所以自我在沟通能力、团队协作、仪表形象、道德行为上就需要调整自己，才能得到环境的良性反馈；针对自我的认知，需要第一时间解决自认为是优点但环境不认可的，甄别后进行重新认识；自己认为是优点，却无人知晓的，要么创造机会让环境认可，要么仅仅将其当作自我的附属优势；环境认为的缺点，你一点儿也没有察觉到的，及时更正；你认为是朋友的他不认为是的，要么你将他发展成朋友，要么从你的朋友名单里去除。

朋友面对这些数据，问应该怎么调整员工。我告诉他，第一步确立需要淘汰的员工。然后，面对留下的员工，与环境匹配度高的人和匹配度低的员工进行组合工作，相对匹配度类似的中间员工进行组合工作，前者教学相长，后者形成竞争制衡。

第二个培训我叫作“春宵一刻值千金”，要求员工在上班期间，以 15 分钟为一个时间量度，每过 15 分钟，记录上一个 15 分钟做了什么工作。这是时间管理的一种方式，也是消弭自我对工作强度和外部对工作表现评价之间出现差异时，记录和解决的办法。如果推而广之到对生活全记录，也能有效地治疗拖延症、注意力缺失等，培养意志力和对时间管理的认识。

等我再去朋友那时，朋友首先拒绝给我看他自己的记录，理由是不好意思，觉得自己日常完全就是在荒废时间。员工的数据收集上来，剔除害怕公司指摘而少写或多写的项目，在座谈时，几乎一致认可自己在荒废时间这个最宝贵的东西。也就是说，一方面每一个人抱怨自己累死累活、无怨无悔地工作，另一方面在荒废绝大多数时间。有些有心的员工，对自己工作以外的生活也进行了记录，才发觉自己的生活是如此枯燥和乏味，完全有更多的时间去学习、发展爱好、与这个世界互动。

这同样是活生生例子，说明自己眼里的世界和世界眼里的你有多么不同。我们夸大我们的付出和受到的不公，但在另一方面却被这个世界认为是个荒废时间、一无是处的失败者。时间对于任何一个人都很公平，世界自然对待每一个人都公平，我们所谓的不公平，绝大多数是因为我们看待自我和世界看待你之间的差异造成的。而弥合这些差异，尽量做到吻合，既可以让我们得到世界的认可，也可以对自我有相对清晰和正确的认识。

我们通常会觉得这个世界不理解自己，但其实更多的原因源自自己：一是我们对我们自己的认知不清晰，二是因为我们对如何让世界认知我们没有方法和技巧。这也是在我们共同学习认知自我、爱和选择之后，为什么必须走向心智成熟的原因吧。

没有信仰的我们有多可悲？

冬天来临的时候，各类的慈善活动也多起来了。朋友 Mercy 笃信天主教，我受他的邀请参加了在天主教堂举行的慈善餐会。

餐会在教堂里举行，要么购票参与，每张票 500 元，其实属于募捐善款；如果不掏钱还想参与，就需要参与到餐会的准备工作中，是个有钱出钱、无钱出力的模式。

餐会前有些《圣经》的宣讲,并做了关于慈善重要性的讲演，并推了几个教友去现身说法，类似善恶循环、主的召唤、天堂地狱的昭示。在唱诗班的唱咏后，大家可以取食一些简单的食物，并可以进行交流。因为对于天主教了解得不多，在殿堂内又怕说错话，我和 Mercy 就多聊了几句。

“Mercy，你什么时候开始信天主的呢？”

“我姥姥就笃信，小时候经常带我去礼拜堂，觉得里面的教友都很好很善良，长大了进了这个社会，越发觉得这样的环境难得，自己也需要这个净土，也需要在我对这个世界觉得无解时候寻找答案，所以也就成了教友。”

“你把天主教当作一个信仰，还是一种心灵的归宿呢？”

“我知道你要说的，信仰不是宗教，信仰是一种信念。我更多的是当作心灵的归宿吧。”被 Mercy 猜出我想要继续说的。

“你是觉得在这里你能找到人生的答案？还是人生遇到那么多的坎坷，在自己无法面对的时候，这里给你提供了庇护？”我只能继续追问。

“人生没有答案的，死才是最终的答案吧。我是觉得这里的人充满爱和善良，也对未来充满希望，在其他的地方我找不到这样的感觉。”Mercy 的学识让他永远保持着矜持和条理。

“那你在教友或是这个环境，才能感觉到爱和善良，出去呢？面对世界呢？”

“这个倒是让我真的很困惑。我在这里是寻找爱、善良、希望的，但最终为什么我觉得只有在这里才能寻找到这些呢？外面的世界似乎更加丑陋了。”

后边的讨论被捐赠仪式打断了，组织者宣布了捐款、捐物的数量，总结了一年以来教友的增加和慈善活动的次数，并展示了很多的视频和照片，将慈善从单纯的捐款捐物，到帮助其他人或是组织的经历做了展示，每一个人的优越感和成就感都大爆发，在一次次的欢呼和感动里结束了。

后来还和 Mercy 做了几次沟通，对他的宗教想法做了一些疏导。信仰除了一些坚信的东西之外，更多的是看待世界的一种方式，也是规范自己行为的一些准则。抛开宗教的文化属性，宗教信仰应该帮助我们更好地认知自我，认知这个世界，并通过自我和世界的互动联系，得到自我更好的生活状态并让这个世界变好。

但是我们更多地看到，信仰逐渐变成了我们心灵慰藉的避难所，或是可以自圆其说的答案库，这或许是因为这些人普遍缺乏更好的自控力、更难于约束自己去做一些事情，并且不能够构建一个和谐的社会关系，也就更需要宗教信仰的帮助。现代社会的发展速度远远超乎了每个人、每个组织的想象，我们遇到问题的机会也越来越多，通常是一个问题还没有解决，新的问题就出现了，一个欲望还没有满足，新的欲望就接踵而至，我们几乎没有机会建立“will（意愿)”，也无法付诸行动、寻找合适的途径。于是我们为了保持平衡，解释内心欲望产生的罪恶感，或是缓解做错事情后的无助，或是补偿自己所犯的错误，或是安慰受伤后的自我，很容易就步入了宗教信仰的殿堂。

不管是舶来品的天主教，还是舶来后被融合的佛教，或是中国自产的禅宗、道教，还是近来风靡的藏密，在为你解释你的人生难题之后，却让你找不到了自己。不是宗教自身犯了什么错，是我们自己在犯错，我们不是去学习面对世界的方式，只是渴望寻找到解决问题的答案，或是只是给自己打了一针安慰心灵的安慰剂。

“Will+Action”（个人意愿 + 行动），意愿（Will）是指一组启动个体行动，并支持个体向着目标，沿着既定途径持续前进的自我信念；我们也需要坚信自己有能力找到有效的路径，拥有达到渴望目标的信念和认知，最终将之付诸行动，这才应该是信仰能够带给我们的。但我们大多贪恋宗教信仰带给我们的安全感和归属感，甚至通过宗教信仰去容忍我们自己的过错，让宗教信仰替我们承担我们应该承担的责任。那些对自己的上师、教友、信仰的神佛无比虔诚的人，却在自己的生活里面对人和事，仍然依靠着动物的本能去竞争、欺骗、伤害。宗教信仰失去了其文化性、约束性，成为一种社会符号或是标签。信仰本没有排他性，宗教作为载体，也同样没有，但现代社会宗教信仰却被人们刻意打造成充满排他性的仪式或是仪轨。

Mercy 需要感受到爱、感受到安全，却在社会压力下无所适从，这让他失去了自己的意愿，将决定自我意愿的权力交给了宗教信仰。**一个心智成熟的人，不会选择将“Will”交付给任何的外在事物，因为“Will”是自身欲望出现后，成就个人成长成熟最关键的东西，也是解决人生问题唯一的方法。正视自身的欲望，并利用“Will+Action”，在社会关系中获取优势和收获自信，才是心智成熟的开始。**

在我向 Mercy 学习了很多宗教知识之后，也给他分享了禅宗和东方传统里很多的感悟，Mercy 逐渐将在教友和宗教内感受到的爱和安全感带到了自己的生活里，慈善活动参加的次数少了，却在日常的点滴里开始学习爱和慈悲。Mercy 不再是一个普通意义上的教徒，他成为他自己人生的教徒。

有一天，Mercy 发给我两个小故事，让我明白了没有信仰多可怕，也明白了 Mercy 现在有多快乐：

黛西的妈妈虔诚地相信神，屋里供奉了很多的佛像。她几乎对每个佛像都毕恭毕敬，祈祷好运的来临和驱除生活的困苦。

黛西发现，不仅有圣母，还有耶稣，还有佛、各类的神灵，黛西问妈妈：“你到底信哪个神呢？有这么多的神。”

“哪个有效我就信谁啊，带给我好运的我就信。”

“那没有如你所愿带给你好运的，你就不再信仰他们了吗？”

“嘘……别胡说，虽然没有带给我什么好运，但我不信奉他们，他们会不高兴，降噩运给我们的。”

拉比尔是虔诚的天主教徒，他去说服东波禅师也相信天主教。

拉比尔旁征博引，滔滔不绝，东波禅师都大声赞叹，表示赞赏。

拉比尔高兴极了：“禅师，你终于相信天主教才是最好的吧，你不是也表示了赞同和欣赏吗？”

“是啊，你说天主让我们爱他，爱自己，爱别人。佛叫我们学习慈悲。他们见面，会不会觉得对方不爱芸芸众生呢？”

“这和我们有什么关系呢？”

“我在你的讲述里看到上帝的爱，我在我的经文里读出佛的慈悲，那我信上帝和佛有什么区别吗？”

在我们学习去爱，学习认识自己之后，我们遇到的问题就是如何面对世界。我们越坚定自己的感受和遵循自己的思想，我们在世界眼里的样子和世界在我们眼里的样子，只会产生更多的冲突，我们需要心智成熟的内心去更好地与这个世界互通互联。

信仰和宗教不同，没有信仰的人是汪洋大海上没有指南针的航船，但宗教更像是重新选择一条自己不能左右航线的船，而我们真正需要的是“Will+Action”（个人意愿＋行动），将我们的信仰用于我们收获更成功和更成熟的人生吧。

To interact：

1. 在你的朋友圈或是团队里做“外面的世界”“春宵一刻值千金”的活动，并将需要改变的列计划进行改进。

2. 你会不会把宗教当作信仰，学习信仰和宗教的区别，你较为认可的宗教信仰是接受别人的教育得到的，还是自己学习后和自己的经历结合得到的？

3. 一个心智成熟的人，信仰会是什么样的呢？指出周边信仰宗教，仅仅是逃避、好玩儿、追潮流、赎罪的那些人。

健康的魔力

因为冬天阳光缺乏、较为寒冷的原因吧，“季节性情绪失调”(Seasonal Affective Disorder- “SAD”) 又降临了，焦虑症和抑郁症进入高发期。特别是现在这个时代，冬天代表着需要迎接下一年新的挑战，内心压力更为集中增加。于是静心小组的活动里，多了许多的疏导项目。

焦虑和抑郁，通常只能采取“表示理解却无能为力，但我会陪着你度过”的沟通方式，因为一味地分析和棒喝，或是展示其他人的正确生活态度，只会让焦虑和抑郁加深。那些利用“共情”模式的疏导，更是雪上加霜，会让这些人觉得你更不是可以依靠的力量。这或许是每个焦虑症和抑郁症患者，周边亲朋好友面临的最大的问题，似乎无解。药物治疗或是转换生活环境和生活方式，成了很多人的首选。

在收集了一些信息后，我倒是发现了几个有趣的研究成果：

牛津大学的神经生物学家在《精神药理学》杂志上发表的最新研究成果显示，肠道杆菌与我们的心理情绪存在着直接的联系。作用于促进肠胃健康的膳食补充剂——“益生元”(Prebiotics)，可以改变人们处理情绪的方式，从而起到“抗焦虑”的作用。

该项研究的主要作者 Kirsten Tillisch 教授在一份学术声明中说：“很多次，患者告诉我们，他们在肠胃有问题之前从未感到过焦虑或沮丧。研究显示，肠道与大脑是双向连接的。”

实验结果显示，服用了“益生元”的小组相对于服用“安慰剂”的小组成员来说，他们较少关注负面信息，注意力更多放在了正面信息之上。在面对负面信息刺激的时候，服用“益生元”的小组成员也表现出更低程度的焦虑情绪。研究人员还对正在服用抗抑郁和抗焦虑药物的病人进行了试验，效果类似，当他们服用“益生元”后，焦虑和抑郁程度都有所下降。

英国 7 所大学的科学家们将建立研究联盟，旨在进一步探索新发现的免疫系统紊乱和精神疾病之间的关联。这种关联使人们看到了抗炎药物可以被用来治疗忧郁症患者和老年性痴呆的希望。

研究联盟领袖、剑桥大学的神经学科学家埃德·布莫 (Ed Bullmore) 教授说：“最新的证据表明，绝大多数抑郁症和体内免疫系统引发的炎症存在着一定关联。”产生情绪的免疫系统机制发生了改变，影响了目前还未被完全理解的忧郁症的发生进程。

焦虑和抑郁成了现代人经常遇到的问题，与西方研究如何治疗和如何心理治疗不同，东方哲学里，在很早就出现了“心”这个概念，身体、大脑再加上与环境的关系，组成了“心”。没有依照身体的规律去生活或锻炼，没有控制和分辨欲望是身体还是思想产生的，没有很好地控制住自己的思想，反复回忆过去，对未来的未知过于担心，没有因为环境、气候的改变调整自己，都会造成人与环境的冲突，最终一定会造成自我问题的出现，不仅造成身体的问题也会造成心理问题。

我们也经常接收到如快餐让人忧郁、社交网络的频繁使用造成忧郁、刻薄的犬儒主义者容易老年痴呆等等的知识，同样也看到暴饮暴食造成抑郁、当你做错事的时候会感觉到身体沉重等等，甚至到了常用第一人称单数的人，也更容易忧郁。这里既有身体决定情绪，也有情绪决定身体，同样有彼此的互相影响。而最让人吃惊的是，“癌症不是病”也成了一种学说。这个理论大致认为，每个人都存在癌细胞，DNA 的突变造成癌症，每个人都可能出现癌细胞，一部分人就算出现了，自身的免疫系统就会解决掉问题；而那些身患癌症的人，只是因为身体主要的防御系统或治疗机制已经失效了，癌症才会发生。而日常自己对自己的认知、健康的生活状态、与环境的和谐相处、尽可能提供较为健康的外部环境，才是避免癌症来袭最好的武器。我们要做的，就是将自己由一个“癌症受害者”变成一个“健康创造者”。

《黄帝内经》云：“主名则下安，主不明，则十二官危。”类似癌症和很多心理疾病，多少都可以算作“主不明”的范畴。人的“心”自身已经无法判断细胞的好与坏，甚至“心”产生了自身的病态，于是健康已不复可能，甚至患上很多的心理疾病和身体疾病。

消除自我认识和自我真实情况间的差异，改善自我和环境的关系，明了身体和大脑的互动机制，改善环境因素，明晰理解身体、大脑、思考的集合体“心”，并尽可能地提供给身体合适健康的饮食、

锻炼和保护，将大脑思维尽可能地控制在合理的范围之内，我们也能收获神奇的健康力量。

静心小组有个很好的项目："叙述死亡"，大致是要求每个组员设想自己已经面临死亡，记录死亡时自己的状态、感悟、对自己的认识、其他人可能的反应、最想做的事情等等。列表出来后，分享感悟。

很容易发现，虽然每个人都描述得很艰难，甚至词语都很压抑和灰色，甚至充满了恐惧，但思考死亡让每个人的存在感加强，宽恕他人和自己的能力提升，改变自己的欲望加强，还使得自我变得敏锐、珍惜和感恩，将意愿付诸行动的能力也得到加强。不仅对个体的精神健康，对身体健康也会带来很多益处。特别是针对轻度抑郁症的人，思考死亡让他们更加能够面对生活，更加深刻地思考自己的人生。通常一个人会觉得生命来得很容易，而在思考死亡后，那些觉得生命来得很容易的人，都开始重新审视生命的意义。

最后，大家的期望都是：

第一、努力让自己做个有用的人；第二、要建筑一个有趣的环境。舒缓抑郁症或是焦虑症的解决方法与此其实也不谋而合，那就是让他们有存在感，觉得自己"有用"，做一个对环境有用的人；在生活里、学习里建筑一个有趣的环境，做一个有趣的人，不仅在生活里制造快乐，制造快乐的同时也制造力所能及的挑战。

做一个有用而有趣的人，你也就可以享受健康神奇的力量。

吸引力＝意志力＋自制力

我经常给朋友们一些小的建议，用来更好地应对工作和生活。比如随时提醒自己的“Cool down”，接近中国传统的“识不足则多虑，威不足则多怒，信不足则多言”。还有个朋友睡眠相当混乱，每天都是中午12点左右进入公司，下午是频繁约见业务主管的时间，我告诉他，随着一天中时间的推移，我们的意志力会逐渐下降，当我们疲劳的时候，自制力会逐渐失控，什么事情都可能做出来，下午了解的情况通常都会掺杂一些谎言。所以，要了解公司情况和业务情况，最好的时间是上午9～11点。这也是随时关注自身的自制力和意志力，对工作生活都有所帮助的小例子。

自制力和意志力是个热门话题，也是随时困扰现代人的话题。国际研究小组对新西兰1000多人长达30年左右的调查，得出了很简单的结论：童年自制力强的孩子，成年后在健康、家庭、收入、犯罪方面，都比自制力差的孩子们要好得多，可见自制力对人一生的影响有多么巨大。而自制力和意志力的关系不言而喻，意志力是指一个人自觉地确定目标，并根据目标来支配、调节自我行动，克服各种困难，从而实现目标的品质。自制力是指人们能够自觉地控制自己的情绪和行为，既善于激励自己勇敢地去执行采取的决定，又善于抑制那些不符合既定目的的愿望、动机、行为和情绪。通俗地说，意志力确定制定目标并努力实现，自制力保证在实现的过程中不跑偏，彼此还互相影响。

孩童时期对自制力的教育，跟家庭和环境直接相关，通常需要父母给予激励和惩戒，并发掘出孩子对正确的、好的行为产生热爱，使得孩子们养成习惯。自律和自制力，需要让孩子明确自己选择后必须承担选择的结果，担当自我的选择是比自律更重要的孩童教育。但随着人们长大，自制力的问题就不单纯是个激励惩戒的问题，随着接触世界、进入社会、身体的成熟、知识思想的进步，自制力和意志力却更加复杂和难于掌控。小到这块巧克力蛋糕要不要吃，大到这件违背道德的事情要不要做，面临的问题无非几点：一、身体的愉悦是现实存在和可以感知的，这样的愉悦感是切实存在的，如减肥期间一块蛋糕的诱惑；二、意志力和自制力决定的未来目标，与现实的愉悦感相比，似乎不可能实现，如学习和游玩之间，是否决定了在明年考试中失败；三、对环境的错误认识，觉得适度地放纵和错误，得不到明确的惩罚和惩戒，如暗地里做伤害别人的事情和非议他人，似乎得不到明确的惩罚；四、欲望和恐惧，让我们选择及时行乐，对未来不必太过在意，如婚外的性欲和说谎带来的逃避；五、过去因为意志力和自制力弱造成的失败，告诉我们没必要也没有能力坚持自制力和意志力，对自己的否定和内疚心理，让自己放弃自制力和意志力，如我曾经的戒烟或是那些无数次的减肥都没有成功的人。

问题最大的关键是，在选择现实的愉悦感和安全感，还是选择自制力和意志力去实现未来目标之间，人们该如何去选择和担当。成年人的自制力和意志力，除了认清身体造成的欲望和影响之外，还需要尽量摒弃自己的挫败感和过去经历的影响，并将目标进行形象化和进行分解，并对每一个小的目标进行激励和惩戒。一味地利用道德水平或是行为规范去约束，未必能够得到满意的结果。在自我管理之中，有个类似儿童时期玩的“好人坏人”游戏，随时记录自己值得赞赏和需要惩戒的事情，前期，每做一件好的事情，奖励自己一下，如小的糖果、坚果，每做一件不好的事情，惩戒自己憋气30秒或是上十级楼梯；逐渐改变为，每做一件不好的事情，抵消做两到三件好的事情；最终，我们会习惯于奖励自己，而畏惧惩戒。也可以列表自己必须做的事情，如果每天都可以做到，持续三天以上给予自己物质或金钱奖励，如果一天不坚持，就给予相同数量的惩戒。

有句俗话：“美女的减肥动力，来自于色狼们的口哨。”环境的认可和鼓励也是我们培养自制力，培养意志力的方法之一。同时，我们也可以逆用这个原理，将我们细致的较可执行的目标，在自己所处环境里进行宣讲和传播，这样可以得到更多的认可和监督，通常也能得到更多的成功，如我们的学习计划、运动计划、戒烟计划等。有个心理学现象，当你需要被拍照的时候，你是可以摆出自身较好的状态和姿势，并能尽可能展示自己的美，但一等拍照完，就回复了普通状态。而心理暗示自己，自己是随时处于环境关注之中的，也能很好地解决自制力和意志力问题。

《The Secret》和《The Law of Attraction》都是畅销百万的书籍，“自我励志”类的积极心理学也风靡一时。这些书花了大量的篇幅告诉读者，积极思考，把精力放在如何让自己生活得更开心的方面，你就能活得更加开心。我们也确实常常听到这样的建议，“积极点嘛”“我们要想得积极些”或者“往好的方面想吧”，似乎这么说不仅让我们自己感觉好起来，而且可以改善我们的人生观。更厉害的是，据说这种积极的想法最终也会改变我们的生活。但后来德国学者的调查显示，大学心理较为积极的学生，在进入社会几年后，反而收入较低、工作机会较少，保持积极心态的能力也在降低。

类似的励志书很多，但都面临了一个问题，没有让你面对困难的事情，只是让你做你擅长的事，让你待在你人生的“舒适区”，这样你既缺乏真正成长的勇气，也缺乏历练。《The Law of Attraction》一书作者 Caroline Adams Miller 说：“这是肯定的，假如你仅仅是告诉自己‘我会获胜，我是最棒的’，但是你心底却不相信这一切，那么你肯定不会获得积极情绪的影响，也不会成功。这种情况，你只是消极地在‘相信’自己。”“一定程度上来说，你需要对自己说不，才能过得更加快乐和积极。”

为了达到真正的“积极情绪”，你需要打破和重新定义自己的“安全区域”，这可能会带来一些不安的情绪，甚至带来负面的体验。但自制力和意志力能够较好地解决负面体验，自身会将自制力和意志力描述成我们在积极地面对生活，这样主观幸福感也会加强，而那些能找出什么能让自己真正开心的人，才是会获得真正幸福和成功的人。

吸引力是自制力和意志力带来的，我们随便找出一些男人具有吸引力的项目，无非是健康的身体、得体的外观和礼仪、专注于生活工作的状态、对于爱的细心呵护和执着、有品位的爱好和学识、面对困难坎坷坚强的意志和技巧、对于家庭和孩子的热爱等等，这些后边掩藏的潜台词就是自制力和意志力。

冬天的时候，我会开玩笑说，觉得冷是否有解决的办法。他们通常说如果祖籍是北方的就耐寒，穿白色的衣服也耐寒，女人比男人耐寒，喝酒和喝热东西也耐寒。前边几条没问题，喝酒和喝热东西会让身体觉得“热东西来了，哥们儿可以出汗了”，反而达不到祛寒的效果。

而我给出了终极答案：减少自己的孤独感，再就是通过自己的意志力提高自己的体温。被自我否定的或是感觉被排斥在群体之外的人，体温是比一般积极心态的人体温低；而据说瑜伽利用自己的意志力，可以提高自己的体温。

一笑了之的奇闻逸事，我倒是愿意把他们当作自制力和意志力的小故事，也让每个人因为拥有了自制力和意志力而充满吸引力。

好运气？让我们先对自己的相貌负责吧

我们的一生，总是被各类的好运和噩运伴随，起码我们会把很多的事情归结于运气。冬天的时候，能代替这个看脸的世界占据网络和网站关注点的，都是一些涉及星座、血型、属相、生辰八字、流年、祈福禳灾的信息。

现代科学最大的目标之一，是给神学不留丝毫生存的余地，但科学揭开未知奥秘的面纱越多，似乎我们未知的也越多，这无穷的未知让更多的人相信冥冥中的力量。统计学和科学家也无数次地争吵，那些出生月份影响到职业选择和成功的数据统计，也被反对者用环境原因等做了较好的回应。而研究发现星座是利用人类内心含糊其辞的习惯，以及对自我评价普遍与现实不符的心理特性，星座自身也变得难于自圆其说。在科学和玄学势均力敌的时刻，基因学却给科学多少来了点创伤，基因研究甚至研究出完美主义、精神病、单身基因等等生下来就存在的生物学特质，家庭给予的环境影响在被剔除后，似乎注定的命运又重新成为每一个人需要面对的问题。

赌徒总是会面临运气的问题，赌徒可能是我们生活里最笃信运气的人，也看似是个乐观主义者。事实是唯有战胜概率，他们才有赢的机会，然而从长远看来概率又似乎是不可战胜的。但是赌徒们都坚信着赌运（所谓的“手气”）是客观存在的。一旦手气正旺，那么一赌到底几乎是必然的；相反，他们也坚信着多局下来坏手气也能反转，这就是著名的赌徒谬论了。通过研究发现，真的做到运气不错的赌徒，原因并不是被命运垂青或是好运气降临。事实是，赢家在吃进几把后会谨慎地选择低赔率的赌注，从而保持赢面。而输家相反地会冒进些，选择高风险的赌注，进而极大可能继续输下去。我们稍微了解点统计学和博弈的人都会明白，宁可去酒吧无所事事地喝上一杯，也不愿意去相信赌博的运气。

而另一项研究，让我们更相信，是因为自己对自己人生的不满或是逃避，我们才选择相信命运或是运气。经过调查显示，美国的富人对于世界是公平的认可度，远远高于穷人对世界公平的认可度。心理学角度解释并不难，成功的人或是富有的人，支配了更多的社会资源，也拥有更好的社会地位，他们认为这些都是通过自身努力获取到的。而对于那些普通人来讲，人类有一种天生高估自己能力的倾向，当我们失败的时候，一定会归结于运气不好或是世界不公平。人类自以为很优秀，却又充满投机的意识，这或许是我们去寻找这些运气来解释人生的原因之一。

我的星座是天秤座，却被很多朋友描述成“出生日期记错了”“你是被抱养的吧”“一定是你的生肖和生辰八字原因”“还有面相啊手相啊”等等离奇的解释和解读，总有可以拿来解读你现状的某样学说。我也发现了一些有趣的现象，性格、恋情和朋友关系，与上下级的关系，我们喜欢用血型、星座解读；我们的婚姻、所谓的流年运势，用生肖或八字解决；及至我们现在人生的状态，未来的可能，通常就需要面相、手相和算卦分析；到了对未来忐忑不安，我们卜算的工具就是抽签《易经》了；甚至为了好运,我们烧香拜佛,供奉神灵,将运气完全交给了未知的力量。

特别是现在这个时代，“一个看脸的时代”，有无数的数据证明，容颜对一个人的影响更是巨大。美丽的容颜可以让一个人累积的收入更高，工作能力更出众，对不公平持的态度更理性，犯罪可能性更小，带来更为健康和匀称的身体，较高的身高带来更多的收益等等。但我们不难发现，这些基于结果的统计，忽略了这些健康美丽的人们，他们更多地付诸运动、保持健康、礼仪训练、形体训练、着装设计、装饰自己等。也就是说，这个看脸的时代，你没有照顾好自己，而将自己照顾更好的那些人，更容易展示自己的美丽，获取更多的成功，并不是谁的运气更好。

在我们可怜的生命中，似乎一直在接受运气的捉弄，但那些成功的人却是永远把“运气”这个标签抛在一边的人，他们更相信新的挑战，需要新的思路，更愿意去验证自己的思想，更愿意为自己的人生付出更多的汗水，并坦然接受结果和当初设想的差异。而这些特质，不是属于运气好的人，或是颜值等级高的人，而是每一个人都可以去尝试和学习的。

将我们的运气归结于容颜、遗传、命运、运气、家庭，并不能让我们面对这个世界感觉好点；相反，我们愈发觉得这个世界不公平，越来越愤世嫉俗。而这些忧伤、自卑、焦虑、逃避的情绪，也会让我们的健康出现更大的问题，不仅是外表看起来不好，内心和身体都会出现问题。而长得好看的人被认为拥有更多好的品质，而且看起来更开心，更受欢迎以及更易成功，而且我们对待好看的人也会更友好。而与环境更好地和谐相处，对自己在环境内的地位更客观认识，也让他们进入良性的循环，变得更好。与其说是运气的使然，不如说这些人做好了迎接运气的准备，环境也愿意提供更多的机会，似乎他们也就享有了更多的好运。

而我们谈论这些好看的人，却忽视了我们自己心理的问题，你在杂志、电视和网络上看到的好看都是经过了无数的加工，而这些被加工的美丽让你觉得自己更差劲。但身边优秀的人，你不愿意承认综合的实力和人格的魅力，更多地把别人的好运归结于外貌，而逃避承认自己没有把自己的人生照顾好。我们总是要明白，身边都是活生生的人，他们的容颜一定附加在他们整体的能力之上，而这才是我们要做的事情。

魅力是高于美丽的词汇，不管是漂亮的还是不漂亮的人，最终希望要达到的都会是充满魅力。充满魅力的人也会得到“好运气”，而这才是我们的“运气”所在。

附：好运气养成计划

提高审美的学习；

运动和保持身材；

学习礼仪和形体，学习沟通方式和语言；

对自己的服饰负责，可以做形象设计；

培养和享受自己的爱好，拥有充实生活；

保持快乐开放的心态；

保持微笑和赞美周边的人；

镜子里的你和照片里的你要一样；

保养你的脸和手；

有趣、有用、培养幽默感。

我们是怎样把自己变得有病的

看看我们周边的人，经常有人将自己归结为亚健康状态，比较常见的身体状况是：感觉身体沉重、睡眠质量差、对生活工作提不起兴趣、容易生病、健忘、易怒、觉得莫名地悲伤等等。他们通常除了埋怨这个世界和人生的压力外，开始用各类的心理问题去解释，比如：焦虑、轻度抑郁、强迫症、统合失调、神经衰弱等等。

静心小组会遇到很多人，希望解决这些生活里的问题。我经常告诉他们，静心不是为了解决心理问题的，真有了心理上的疾病，第一时间应该寻求心理医生的帮助，第二还是需要自己培养意志力去面对和解决。在这些人里，只有极少数的人会选择去看心理医生，由此我也又发现了东西方思维里有趣的差异。

就像现代科学解释不了穴位、脉络和“气”问题一样，中国人普遍对心理问题持着怀疑态度。东方思维里，人出现问题都是因为偏离了本心，“恶”才产生的，我们只要将我们纳回到正轨，在身体、环境、心灵三方面同时努力规范自己，就不存在各类的心理问题。而西方思维会觉得，人是个有机体，他一定会出问题，出问题是常态，健康是小概率事件，通过寻找并解决身体和心理上的问题，人才能更好地生存。

于是出现心理问题，第一时间寻找心理疏导的一定不是中国人。他们宁可去网上搜索“×××病，症状是什么样的”，只是为了证明自己似乎是得了这个毛病。也不愿找朋友倾诉，更别说去做简单的心理咨询了。骨子里的东方文化，还是根深蒂固地影响着我们。我们总是觉得：第一，我们只是偶尔出现了一点儿问题，随着时间的推移这些问题会消失；第二，这样的问题不是病，只是现在的环境压力和社会压力大，我活得好了这些症状自然会消失；第三，这是我私人的问题，为什么要去医院呢？第四，有病吃药，心理咨询看着就像个江湖郎中、算命卜卦的；第五，这些要是病，我周边的人怎么看我呢？等等。一般来说，那些能正视这些问题的人，通过自身有意识的心理疏导或是借助心理咨询，通常也就可以较好地去选择解决的方法。

但更让人惊奇的是，很多人会将心理问题当作自己不去改变的理由，而且不停地加深“自己有病”的这个意识。我曾经在30多岁的时候，觉得自己得了幽闭恐惧症和密集恐惧症，那时候我把问题归结于经常出差住酒店和大城市的车流人流造成的感官压力，最严重的时候，我坐电梯会呼吸难受，酒店的窗户晚上必须打开，而见到拥挤的人群和密集的事物，我会觉得喘不上气。当我做了心理咨询后发现，第一、症状其实很轻微，也没有明确的测试结果，可能是短期心理、身体状态不好，造成的外部表现；第二、增加适度的锻炼身体和有针对性的心理锻炼，会很快解决。事后也证明，所谓的密集恐惧和幽闭恐惧都和我无关。我也经常拿这个例子去和许多自认为有这样那样心理疾病的人去讲，顺便推荐一下静心冥想对类似问题解决的益处。但更有意思的事情发生了，静心小组很多的人，普遍会觉得自己有这样那样的心理隐患，但在我看来，他们是在享受这个所谓的“心理疾病”，压根儿就没有打算解决他们。

还记得 Shadow 和 Libra 吗？

Shadow 曾经抱怨自己已经患上神经衰弱、焦虑、轻微的抑郁症、洁癖、强迫症，一段时间里这彻底击垮了 Shadow，也让她觉得几乎没有可能寻找到真正属于自己的生活。那时候 Shadow 称得上是屡战屡败。她曾经尝试换个生活方式，重新建立朋友圈，甚至在锻炼和美容上下了大气力，但最终都是无功而返，甚至搞得自己更加憔悴。Libra 定义 Shadow 的病是闲得太久，离事业和工作太远，没有新的人生动力和梦想，夫妻为此争吵不断。

Libra 想到的解决办法是让 Shadow 觉得自己还有用，这也确实是解决抑郁和焦虑较好的方法。幸运的是，公司出了状况，职业经理人离职，Shadow 又重新占据统治地位。Shadow 全情投入到工作中，事无巨细、亲力亲为，一段时间后，似乎真如 Libra 所认为的，上述的病症在减轻，那个强势的、永不言败的、充满斗志的 Shadow 似乎回来了。Libra 依旧不停地给 Shadow 描述美好的事业未来、梦想的达成，还有不停地赞赏 Shadow，告诉她近期公司在压力下的好转，都是得益于 Shadow。这让 Shadow 得到了莫大的满足和成就感。

问题看似解决了，但问题真的解决了吗？新的问题又出现了，Shadow 做不到如之前对事业的注重细节和那样的无怨无悔，她在寻找得到被赞扬、被认可的机会，而不是工作成绩成效如何，工作构想的脱离实际和自己不愿意真正了解一线细节的新问题，造成工作和生活重新进入了不可控状态，那些病症又回来了。Libra 用单纯的一招希望解决所有问题的想法也宣告失败了。

但当我们回溯问题的时候，我们也就比较容易地发现问题中真实的内在联系。Shadow 的抑郁和焦虑，一方面来自于对家庭事业掌控力逐渐地减弱；一方面来自于和 Libra 夫妻生活的困顿无解。她和丈夫沟通的内容除了工作事业、孩子之外，几乎没有什么内容和方式，因为少年时代的经历，她又只有牢牢地掌控住丈夫和孩子才能得到心理的安全感。当公司和事业是这个载体的时候，她又放弃了学习，缺失了适应社会变化的能力，于是解决的途径看似有效，但最终没有任何的效果。

同样的，Libra 压根儿也没有想过真正解决问题，而只是寻找了一个短期的解决方案。Libra 同样被各类的心理问题困扰着，如拖延症、选择困惑、健忘症、睡眠问题、疑病症、怀旧心理、强迫症等等，同样处于无解的状态。Libra 要么用短期的解决方案解决自己的问题，要么就采用可以说服自己的方式去变相解释这些问题。如拖延是因为追求完美，健忘是因为事情太多，强迫症是因为对工作要求高，选择困惑是因为选项太多，疑病症是因为自己锻炼过少，等等。也就是说，Libra 也规避了内心真正需要解决的问题，如改变作息时间和加强计划性，消除自己内心对 Shadow 的依赖，学习现代社会的营销管理，将“完美”这个词从自己的词典里取消，真正面对和 Shadow 的婚姻生活，等等。

如果我们一定要寻找到解决心理疾病的方案，或许需要将西方

思维和东方思维很好地结合才行，环境的压力、环境的持续剧烈变动或持续不变、自我认知和环境对自我认知之间的冲突、自我的发展和环境是否提供条件、自我的身体状况，将这些因素统一认识，或许才能够得到解决心理问题的方法。

严格从心理学角度讲，我们常说自己身上那些“心理病”，最多是有些轻微症状，谈不上需要治疗和干预。但首先，我们不能以这些“病”为傲，不能将这些“病”当作我们的资本或是被这个社会压迫的罪证；其次，我们需要正确面对问题，问题不是症状是什么样的，而是内心是否真正下决心解决，和我们必须去开始的行动是什么；再者，面对变化的世界，要想保持自我的存在和不被改变，需要的是学习和进步，不放弃学习、提升自己对事物的认识才是解决心理问题的关键；最后，不要尝试用一些治标不治本的花招和伎俩，不管针对自己还是针对自己爱的人，拿出真正爱自己和爱对方的方式，才可能解决这些问题。

身体健康带给我们心理的影响，或是心理和生理的彼此影响，是被现代科学验证过的。现代社会的环境压力和污染，会让我们更难得到健康的身体，同样也会让我们的心理产生各种问题。除了锻炼身体、保持健康饮食、确保良好的生活习惯之外，更要求我们对我们的心理随时地观照。

意志力和自制力是一件事物的两个方面，也是相辅相成的，而我们追求的吸引力，同样是意志力和自制力的结果。积极心理学不是单纯地自我暗示，更多的是意志力和自制力的养成，而意志力和自制力的养成，需要我们随时地锻炼培训自己。

运气在变成自己对成功的解释因素时，我们通常忽略了成功者在成功前的努力和失败。但无可否认的是，对自我的担当，对社会角色的认同感，都让我们能更好地拥有好的运气。或许只简单到对自己的形象负责，保持快乐的心态，都会让我们随时获取好运气。

心理问题是我们每个人都在面对的问题，解决问题的关键，永远是对自我内心深处根本问题的正视。任何基于外表的解决方案都只是短期的。我们也更不能把这些所谓的“病”当作逃避问题的借口，既不去解决又烦恼于此。

To interact：

1. 尝试“叙述死亡”，并依照结果重新梳理自己的想法和内心；试着举几个身体和心理互相影响的例子，自己有这样的经历吗？

2. 你对积极心理学怎么看？认同文中这个观点吗？意志力和自制力，才是影响吸引力的根本。

3. 试着讨论自己的形象，有没有可能改善？照片里的自己为什么和镜子里的自己看起来不一样呢？

4. 你挂在嘴边的那些心理疾病都有哪些？有严重的需要做心理咨询的吗？又有多少纯粹是自己的一个借口呢？

世界有多邪恶，我们就有多无知

我所在的城市历史非常悠久，有很多的历史文化景点，于是我经常接待那些从不同地方来的朋友。但我会接收到对这个城市不同的评点和认识，而且针对一个城市那么截然相反的论点，让我作为这个城市的土著很是困惑。夸奖的赞美的，我一般都很有自豪感，那些反面的论调，我一般会开玩笑说他们是“巴黎综合征”（这是一种感觉，让你意识到美丽的巴黎并不完全像你想象的一样）。

任何一个城市都有其阴暗面，但巴黎不像纽约那么坦诚自己的黑暗之处，相反太多的宣传都把巴黎描述得非常美好，当一个游客来到巴黎，除了见识那些耳熟能详的美景之余，在面对那些出乎意料的黑暗之处，通常都会产生焦虑、失望，甚至轻微的抑郁。经常会产生某种错觉，觉得这个世界欺骗了自己，甚至产生了受迫害的感觉，似乎是人们有意识地伤害你。

曾经有愤世嫉俗的学者坦言，现在的人们要么是“受迫害妄想症”患者，要么就是“斯德哥尔摩综合征候群”患者。说得简单些，就是要么我们觉得这个世界很邪恶，邪恶的世界在不停地利用各种阴谋诡计在迫害我们，我们都是阴谋论下的受迫害者；

要么我们被这个社会和世界绑架，我们本来是受害者，却在被奴役、压迫和虐待的过程中，我们成为这个世界的帮凶，甚至讨好这个世界。想想我们自己，似乎也确实如此，遭受我们认为的不公正待遇时，经常会幻想某个组织和某个人是恶意针对我的，甚至觉得这个世界都是邪恶的。当我们被一些人一次次地伤害之后，我们竟然会寻找自身不足的原因，甚至开始体谅对方的想法，宽恕成了一味的退让和讨好。

我们的宗教信仰，或是我们曾经接受的家庭教育、学校教育都告诉我们，通常这个世界是有趣而善意的，美好而充满无数的希望。到了逐渐成长和进入社会，我们面临的局面却是既猜不透也无法理解的，我们似乎受了太多的伤害和我们自认为的不公平待遇，于是产生很多把责任推给这个世界的理由，这个世界就变得邪恶而残酷了。这些错误的认识都很好解决，只需要提高自己的认知水平，调整自己的心态，都能很好地适应。但我们周边无数的人，不仅觉得自己所受的伤害比别人多得多，而且甚至开始觉得这个世界和社会就是对自己特别邪恶。我们周边对于社会事件或是自身问题，永远抱着阴谋论的那些人就是如此。

阴谋论和受迫害妄想经常会一起出现，从心理学角度讲，一件事情的信息在没有明确的结果和理由时，让我们很困惑，那些未经论证的原因会让我们对未知有已经掌握、已经了解因果的幻觉；而人类本能上也喜欢那些夸张的言论和信息。但根本上，我们遇到的问题是，我们一方面承认我们是弱者在被奴役着，一方面又觉得自己独一无二所以才招致迫害和阴谋。也就是过于自卑和因为自卑产生的顾影自怜，造成了被迫害感觉的加深和加强。

在我的职业生涯里，我一般会被描述成“冷血”，基本基于两点原因：一是对结果的关注；二是秉持“原则内我谁都信任，原则外我谁都不信任”的管理理念。而第二条是保护我的职业生涯和确保自身安全的原则之一。我在给很多朋友谈起人生规划的时候，经常用“保护自己、善待他人”来作为告诫和希望。“保护自己、善待他人”多多少少是中国传统文化里“仁”的概念和佛教“慈悲”概念的结合。中国儒家的“仁”基础的概念就是自我“人”和外部“人”的互动关系，既要保持好自身“人”的存在，不能做出有悖“人”这个概念的事情，同样要保护好自己，不能把自己置于非人的位置。佛教讲到的慈悲，慈爱众生并给予快乐（与乐），称为慈；同感其苦，怜悯众生，并拔除其苦（拔苦），称为悲；二者合称为慈悲。这里面能感受到别人的苦并能给予别人快乐，这同样需要让自我能够处于能给予和能快乐的位置，才能发现需要给予和帮助的人或事，且不能对于自我产生过度的伤害。

但我们总是陷于某些感受里不能自拔：“为什么我的善良遭遇了欺骗？”“为什么受伤的总是我？”“他们一定是刻意地在伤害我，我必须反击。”“这个世界太糟糕了我不仅被奴役，还看不到事实的真相，我也要更邪恶才行。”“全世界都在欺骗我，只有我一个人不知道真相，他们都知道还不告诉我。”“我仅仅是无意间伤害他（她），为什么他们这么狠地报复我？”“我受到的迫害，我一定要加倍还给这个世界。”等等。东方哲学里，“君欲善其事，必先利其器”，而我们在被伤害的时候，没有想到这是我们作为一个社会化的“人”，我们自身的能力准备不足。我们漠视或是欺骗自己，让自己看不到世界的真实面目，这才是我们受伤害的根本原因。因为社会作为一个有机体，他的职责所在一定是保持内部个体的生活状态，也会减少彼此的伤害和内耗，保持竞争的同时，保持个体的安全，增加内部成员间的互动和互惠互利。于是作为个体，社会不存在刻意或是恶意的伤害，说好听的是你是社会的一员，不好听的就是你本身过于普通，只是我们不愿意承认这些罢了。

我们通常因为自己对世界、对他人的幻想，造成不依循正常的社会规律做事，然后没有很好地保护好自己，最终遇到了伤害，而这样的伤害和这个世界关系不大，通常都是个体自身原因造成的。我们不能寄希望乌托邦的建立，就像我们幻想善最终能战胜恶一样，都是不切实际的。我们要做的，只能是在保护好自己的基础上，给予善良最大的支持和宣扬。这才是一个成熟地看待这个世界的眼光。

让我们看一下我自己的例子：

当我从上一个职位离职的时候，相对突然和果决，这造成了我和一些员工并没有做好我离职前的沟通，并对他们进行我离开后如何工作的指导。在公司老板重新接手公司之后，公司相对核心的人员压力陡增，面对质询和问责，普遍出现了两种情况："这个我不太清楚，是德总在的时候确定的。""这些问题德总在的时候就是这样，和我无关。"这些我听到后都表示认可和默许。

但有一两个，在我在职期间，我认为算得上是我学生的，还有自诩为我的学生的，却多少因为需要站队或是撇清自己的原因，对我做了些负面的事情。因为我觉得做这些对他们既没有好处，相反对他们有坏处，“损人不利己”，我就有些生气，但前期觉得对我没有什么影响，他们的目的多少还是基于邀功和保护自己，也就没太在意。

后续就产生了变本加厉的事情，公司因为人员调整和营销模式变更，本身是公司决策性问题，我走之后应该与我无关。但或许是因为害怕被淘汰或是莫名所以的恐惧，有人就将销售下滑、发现的问题，归结于我。这次我觉得已经涉及“恶”的概念了，于是抄起电话把人骂了顿，朋友情谊也就一风吹了。

这里面，正常情况下，我去埋怨这个世界的邪恶是理所应当的，虽然没有钱财或是物质的损失，但是对心灵确实产生了伤害，而且毕竟自身没有任何针对这些人的恶意举动。结果我既接受了恶意的诽谤，又损失了朋友，还让自己的心情变得很糟糕。

但如果我们遵循“保护自己、善待他人”的原则，这个事情的前后应该如此：

决定离职前，我就应该针对重要位置的核心人员进行离职前沟通，对于可能产生的问题和变化进行讨论，并约定好我能“背黑锅”的范围。在第一次遇到，我能忍受的非议时，第一时间意识到这个仅仅是开始，而不是结束。及时进行有效的劝诫，让这些人知道你既可以第一时间获取信息，也可以第一时间进行惩戒。而同时，也要消除这些人的不安全感，让他们明白未来企业依然会依靠他们，这个和我在不在没关系，消除因为恐惧感或是不安全感造成的讨好和恶意诽谤。而这样的结果，我既保持了自我的安静，又杜绝了负面信息对自我情绪的影响，还保留了一定数量的朋友。

或许就如古印度的话所言："猛虎如果在山林里奔跑，所有的动物都知道怎么躲避他，除了那些忘记保护自己的动物；如果在笼子里，你对你最善良的方式是站在远处欣赏它，这个笼子不仅保护了你也保护了它。你要进入笼子去和它嬉戏或是要战胜它，你的善良是你自己的，不是它的。要么你让它知道你的善良，要么让它知道你的厉害，这中间武器和铠甲缺一不可。"

“安全感”才是我们的信仰？

静心小组经常会遇到让我尴尬的问题，比如说：“你们的信仰是什么？”通常，静心冥想自然会被认为是某个宗教信仰的一种仪轨或是修炼，所以经常会被问到。我每次遇到这样的问题都是语塞，因为第一我不能问别人有没有信仰，也不能和他们讨论信仰和宗教的不同，更不能说清静心冥想和信仰的关系（本来静心冥想是通向信仰的一种方式，促成信仰选择的途径而已），于是我经常附和他们对信仰的论调，那就是“这个社会之所以如此混乱，就是没有信仰的缘故”。

相较美国至今 40% 的人相信上帝的存在，或是印度对印度教的笃信，中国没有信仰的危机感和因为信仰缺乏造成的混乱，显得特别突出。既然信仰和宗教没有必然关系，所以哪怕无神论者坚持的无神论，或是信仰科学，一样是信仰的一种。但中国人普遍缺乏信仰也是不争的事实。大而化之，前些年大家的信仰被归结为“金钱”，一切向“钱”看。后来发现钱多了，大家一样在拼命赚钱，把赚钱当作了享受，然后普遍结论是“中国人缺乏安全感”，“追求安全感”成了中国人的信仰。但安全感来自于对现实状态稳定的相信和对未来的可预期，在普遍不信任社会和信任人的情况下，这样的安全感基本无从获取。而中国人的安全感，不是归属感和依赖感，充满怀疑精神、实用主义的中国人，只是在需要安全感的时候希望获取到。至于是宗教，还是拜物、还是万物有灵，甚至是将科学当作信仰，对于中国人来讲都无所谓，中国人不是没有信仰，而是中国人的信仰可以简单归结为：**拥有只属于自己的避难所，在需要安全感的时候我们躲进去避难，不需要的时候闲置，这个避难所有排他性，并且不提供给其他人避难。**

这符合信仰的哲学意义：既是信任所在也是价值所在。看似难懂，例子很多。对钱是信仰吧，但周边有谁钱比我多，我就没有安全感；烧香拜佛是信仰吧，新年第一炷香，可以完全忘记宗教倡导的谦让，争得你死我活；你比我好吧，那我要做的就是怎么蚕食你，让你和我平等或是不如我，这样我的安全感就强；你在岸上我在水里，我不是要求你教我怎么上岸，而是要么我把你拉下水，要么我就是自己上岸把你踹下水，甚至你把我拉上岸我再把你踹下水；我不是人的时候，希望你是个人，我是人的时候不允许你不是人；你信仰的不是我信仰的不行，是我信仰的但你比我厉害也不行……这里面对于安全感、占有欲和排他性的贪婪显露无遗。

一味批驳这些信仰，没有任何意义。这不仅是中国人面临的问题，也是全世界面临的问题。当我们每个人被教育到这是个资源有限的世界，分配给每个人的资源都有限的时候，再加上网络时代信息传递的快速和海量，都造成我们对原先担负的社会角色产生厌倦和失望。对现在状态的不满和对未来的不确定性，作为个体的“人”的归属感和依赖感都消失了，安全感成了我们唯一的追求。全球化和经济发展造成“人”被量化、被标签化，也就直接导致了人的区别是数字和标签的区别。人为了证明自己的存在和获取安全感，行为和思想都是将其他人当作战争中的对手，无所不用其极。“人”本身是人的自然属性，但现代社会同化“人”和边缘化“人”，每个人为了成为独立的“人”在拼命努力。人与人之间似乎变成了你死我活的战争，结果要么是人被更多的类邪教的组织绑架，寻求安全感、依赖感；要么就是将宗教世俗化，成为心灵寄托；要么放弃信仰，将安全感置于人生价值之上。

那我们面对这些扭曲的信仰，又将如何度过有意义的一生呢？或者说如何得到我们自己的信仰呢？

首先，信仰不是避难所或是安慰剂。避难所就是少数人的特权，安慰剂会让人的心灵迷失。人如果把信仰当作排他的避难所，难免对不是这种信仰的人敌意相对，甚至不惜去伤害别人，很多的宗教信仰都充满了敌意和杀戮的欲望。战胜别人不表示自己成功成熟，因为还有比你更强大的人或组织存在。信仰也不是安慰剂，可以让你在受伤时安慰自己，安慰剂永远解决不了问题，只会让你解决问题的时机错失，也会让你变得没有力量。我们现在很多人信仰的所谓的宗教即如此。

其次，信仰不是武器也不是盾牌，而是探索未知的力量和勇气。信仰提供给你的是持续探索未知的力量，信仰并不能抵御伤害或是给你战胜未知的武器。很多的宗教或是邪教，告诉你赐予你战胜邪恶的力量，但探索未知的力量是自己内心产生的，而这种力量也会让你坚持去完成自己的人生价值，并不需要神或某个人赐给你力量。

再者，信仰不是解释过去的方法，而是现在行动的方针。很多人把信仰当作解释自己过去的方法，自圆其说。将我们的过去解释得理所应当或是命运注定，解决不了我们现在的问题和不能告诉我们如何面对未来，真正的信仰是让你面对现在和可预见的未来制定方针并开始行动。

还有，信仰是看待世界的眼光，不是评判世界的标准。信仰不是让你对这个世界进行分类或是划分，而是能更为全面地看待这个世界。很多人的信仰将自己面对的人，划分等级、划分危险性、评估有用和有效，很多宗教也如此。寄希望于这些事情之后，寻找到自己的优越感和安全感，但最终得到的是扭曲的世界，扭曲的眼光。以客观公正的眼光看世界，尽量地全面，这样才是真正的信仰。

最后，信仰是安静、温暖而坚定的，不是随时变换的装束。安全感是独立存在的人特有的，不是归属于某个信仰、某个宗教、某个组织才拥有的，在个人的自我缺失时，是不存在安全感的。我们为了追求安全感，在外部寻找的一切支点，物质的、仪式的、仪轨的，最终都需要得到内心的认可，而这种内心的认可应该是安静、温暖而坚定的。那些制造恐惧，让你寻找安全感和归属感的，都是邪教，都不是真正的信仰。

当我们不单纯把宗教、主义、组织、个人当作信仰的定义时，或许我们需要的信仰就可以简单地定义为：**一个心智成熟的人生，一个可以与这个世界和平相处并实现自我价值，在实现自我价值的同时获得喜悦和安全感。**

我们真的那么自私吗？

冬天快要过去的时候，经常下雪，除了欣赏雪景，大多数的时间我都会在家里度过。一则报道如冬日里一杯暖茶，让我有了新的发现。

这可能是历史上最有名的心理学实验之一——1961 年，社会心理学家斯坦利·米尔格伦（Stanley Milgram）招募了志愿者参加一个关于“记忆与学习”的心理学实验。但实验真正的目的，是研究“权威与服从”。米尔格伦的实验报告指出：65% 的实验对象服从了增加电压电击学生的命令，尽管他们知道对方会遭受巨大的痛苦。

实验过程是这样的：志愿者被告知参加的是“体罚对于学习行为的效果”的实验，他们扮演老师，隔着一堵墙，只能和里面由米尔格伦安排的演员扮演的学生，通过声音交流，互相看不见对方。

实验者被给予一个 45 伏电压起跳的电击器，被告知可以电击对面的学生以帮助其提高学习效果，如果学生答错题目，就给予一次电击惩罚，每一次电击的电压都会提高。

演员扮演的学生会发出预先录制好的惊叫声，随着电压提高，惊叫变成惨叫、抱怨自己有心脏病等，直到电压高到一定程度会突然保持沉默，停止作答。

虽然这个实验饱受争议，事后也被各类重复实验推翻，但对于人性之恶和对于权威的服从，特别是在权威压迫下，自私的本能都有所昭示。后期，很多抱着世界还是很美好信念的科学家们，也设计了更多实验。

由伦敦大学和牛津大学学者做的小电流电击实验证明，人们甚至愿意花费两倍的钱来拯救那些被电击的人，而当电击自己时更无所谓。

该实验选取了 80 组成年志愿者，是第一次用实验来证明人们能够承受多大的压力，以及愿意为陌生人花多少钱以减轻他们的痛苦。需要提出的一点是，这是不记名参与，每个人都是匿名的，没有为了好名声而做戏的成分在里面。

这个实验取得的可喜成果刚好与先前的经济研究形成反差，在这之前研究员们都声称人们比起关心他人，更关心自身的利益。

决定者与接收者的实验：

实验中，160 个彼此陌生的志愿者被随机分配到决定者与接收者的位置上，每人都会承受固定范围的轻微电击，强度不至于无法容忍。每个决定者都坐在单独的一个有电脑的房间，参与大约 150 次试验。在每次试验中他们都能选择不同程度的电击，最多的是 20 次，得到 20 英镑。举个例子，决定者可以给自己和接收者选择 10 英镑电 7 次，或者是 15 英镑电 10 次。

选好了以后，决定者和接收者分别承担电击，不管选哪种，决定者都能拿到相对应的钱。只要实验结束，两头都被电击了，决定者就能获得金钱。也就是说，决定者的决定是真的影响他们获得报酬的金额的。如果不想被电击，就得出相应金额以免受电击之苦。

决定者的决定是对外保密的，以免他们事后受到报复或者决定受到影响，进而导致结果不客观。但结果表明，人们愿意花 20 英镑来抵消一次电击实验以免自己承受不住，但对接收者愿意花 40 英镑保护他们。也就是说，他们在别人身上平均要花 8 英镑，在自己身上则花 4 英镑。

在实验结束时，志愿者们可以选择将他们的一部分酬劳捐给慈善机构。虽然在实验中，人们在对他人的伤害时表现出了高度的无私之心，但是他们只愿意捐赠奖金的 20% 给慈善机构，与先前的研究相一致。这一相对自私的行为表明，人的无私是视环境而定的。

实验主要作者 Molly Crockett 解释道，这些结果不仅反驳了传统的对人类自身利益的看法，也对“无私”这个词给出了更现代化的观点。

最近的理论主张的都是人们可以在一定程度上考虑别人的利益，但不要超过自己的。我们的实验却证明了，当事情涉及伤害时，多数人都会选择把别人的利益放在自己之前。人们宁愿自己承受更多痛苦获得利益，也不要让别人为自己的利益受到伤害。

科学家们还在志愿者做决定时进行了实时监控，他们发现当决定者在决定接收者的电击时候，考虑的时间要长很多。实验中最无私的那个人花了最长的时间考虑对接收者的电击次数，这表明他们那时或许正在道德与金钱之间挣扎。

综合两个实验，我们宁可得出这样的结论：在没有外界压力之下，或是被强迫，人类本身是利他的。这个和我们通常的认识不一致，因为我们周边太多被我们定义为自私的人，他们无时无刻不在保护自己的利益，不惜损害你的利益。自私或许让我们更能保护好自己的利益，也能避免被别人掠夺，但研究证明人类依旧具有无私和协作的精神，下边的实验或许带给我们更多的认识。

一篇在国家科学学院发表的关于囚徒逆境悖论的论文就在博弈学界引起了不小的轰动。这是一个非常经典的博弈理论，即两个囚犯会通过互相合作还是相互背叛来获取减刑。而这一理论也被广泛用于经济学、心理学以及生物进化论。

在论文中提到了一个新的理论——零行列式（ZD）策略。即在数学模型中，将其策略值设置为零。论文主要以自私的犯人是否能比合作的犯人获取更大的利益为辩论点，也就是强制夺取“一种单边性的不平等的获益方式”。由于囚徒逆境悖论被用于阐述生物学上的现象，我们因此提出一个疑问：进化会倾心于那些混蛋吗?

来自密歇根州立大学的微生物及遗传分子学教授Christoph Adami和他的研究助手Arend Hintze马上就质疑ZD策略能否证明进化在自私和互助二者中选择了前者。根据他们发表在最新一期《自然通讯》上的论文，ZD策略非但不能作为进化上的稳定证明，反而得到只有合作才能生存下去的结论。

“我们发现，进化会惩罚那些卑鄙无耻的小人。”Adami在文中提到，并以8岁儿童在操场上发生的争吵为论据。

“在对抗短期的对手时，自私的人总能取得先机。”他解释道，“但是自私却不具有进化的持续性。”

这是因为自私只有在人对抗那些无害且并未意识到自己被操纵的人时才发挥作用。在同其他自私的人对抗时，这并不可行。因此，当剩下的人慢慢地都使用了ZD策略，只有改变生存策略的人才能走得更远。“因此从长远的角度考虑，只有寻求合作的人才能更快地进化。”

在浏览完这些信息后，不用我长篇累牍地解读，涉及自私这个话题有了正确的答案：在不涉及外部压力、较为平等的状态下，自私的行为只会在第一次的接触中让自私者获利，如果是拥有稳定关系之下，不自私的人或是利他者会在进化中得到更有利的地位和更多的利益，并和当时所处的环境状态直接关联。而相反的，因为你的自私带给你短期的效益，却让你在下一次的利益交换中处于不利地位，并遭受更大的损失，这才是自私带给我们最大的伤害。人需要在现实的自我利益、环境利益、未来可能获得的利益之间权衡。而这种博弈里，最失败的人一定是那些无时无刻完全只关注自己利益的人。

在我们生活里，那些被定义为自私的人，我们通常会减少和他们的交易，并在交易里尽量地降低让他获取利益的可能，这样不仅他们失去了新的获取利益的机会，也会在可能的交易里增加获取利益的难度。而那些懂得这个时代是“合作时代”的那些人，在利益的交换里，增加了“交换利益 + 共同利益 + 未来利益”的组合，这样自私变成了一种无私，自利变成了利他，最终都获取了成功。

我有一个朋友，在承诺了给予合作伙伴股份期权的状态下，获得了朋友的认可，也投入了相当大的努力，最终企业得到了发展。但企业发展后，朋友会觉得是自己的战略和产品得到了市场的认可，和这个合作伙伴关系不大，先前的股份承诺没有兑现，最后连年薪都觉得给得多了。在一番争执之下，朋友决定现实的利益里，节省年薪的支出已经是很好的选择，起码现实的利益可以保证。但当真的如此了，朋友发现因为那个人员的离职，公司的管理理念和水平出现了悬崖式的垮塌。而且因为整件事情，朋友被员工和外部合作者描述成不信守承诺、过于计较眼前利益、缺乏战略和战术的结合，这也直接导致公司业务部门急功近利，甚至出现了营销层面上私下做私单、谎报费用、私留营业款项的事情。而最终，这个企业如果希望能发展，就只能祭出股份制改造的法宝，需要朋友付出更多现在和未来的利益，否则只能降低运营规模，最终回复到夫妻店的经营模式。

这个朋友的故事告诉我，一个没有“交换利益 + 共同利益 + 未来利益”模式的人，他所有的自私都是自戕，不是追求眼前利益就是罪过，而是要把眼前利益看作是“自身利益 + 共同利益 + 未来利益”的集合。或许我们每天谈论的自私的人，其实是最会伤害自己的人，或许我们觉得无私和利他的人，才是真正意义上“自私”的人。

我们总是拿着这个世界很邪恶的理由，去掩饰我们本质上的无知。我们接受的绝大多数伤害，不是有人恶意针对你或你是某个阴谋的牺牲品，多数的原因是你对现实的不了解，对情况的错误估计。“保护自己，善待他人”才是你独立存在的根本。

我们不是没有信仰，是我们的信仰更接近于追求“安全感”。这个世界或许充满竞争，但并不充满战争。信仰，第一，要处理好自我存在和自我认知；第二，就要指导我们怎么看待这个世界，如何和这个世界互动。没有信仰的人可悲，拥有错误的信仰或随时变换的信仰，更是可悲。

作为个体保护自己的既有利益、现在获取的利益、未来能获取的利益，这是天经地义的事情。但如何建立“交换利益+共同利益+未来利益”才是保证自己利益的根本，因为自私而对我们的戕害，这是那些自私者对自己最大的惩罚，也是这个世界对自私者最大的惩罚。

To interact：

1. 回想最近的对自己最大伤害的事情，你得到的教训是什么？未来如何能做到“保护自己，善待他人”？

2. 列表写出自己周边最亲近的人，总结他们的信仰、宗教都有什么不同，哪些信仰是追求“安全感”，哪些可以称得上成熟的信仰？

3. 你周边最自私的人是谁？他（她）取得利益和他（她）可能损失的利益，你能列表吗？如果你是他（她），将如何改变？

工匠精神、情怀和成功者的谎言

“情怀”是这个冬天我见到最多的词汇之一，剩下的类似“工匠精神”“大师情怀”什么的，也在不停地挤占我的视觉资源。抱着好奇心，问了问总是引进外文书籍的朋友，“情怀”“工匠精神”“大师情怀”英文都是什么样的。网络和朋友的回答都莫衷一是。Craftmanship，Craftsman's spirit，工匠精神；Feeling，Appassionnato(意大利语)，情怀。看来多少有些东方人生造概念的嫌疑。

好奇害死猫，我开始在拉丁语里寻找答案，工匠既可以翻译成Opificem，Artisan，大致意思也明白，一是工匠和艺术是互通甚至是一体的，需要那么个生产制造的环境罢了。至于Spirit在拉丁语里的Spiritus，跟神怪的意思差不多，那工匠精神就是出神入化的艺术制造。Feeling勉强可以用Affectum来解读，似乎也可以用斯宾诺莎的“情状”(affectiones)来形容。

那么我们解读工匠精神，大致应该如此：将所做的产品或是所处的行业精益求精，以艺术家对作品的视角和追求，将产品制造到至臻至美、出神入化的地步。这个与中国“庖丁解牛”的由技到艺的概念不谋而合。这个其实很好理解，在人类开始社会分工后，你很少能独立自主地选择你的职业和工作，你做的产品如何，不仅影响到你的生计和生存，还影响到你的家族，你的子孙后代。甚至，你要是给帝王做产品，没有至臻至美、出神入化的作品，可能连生命都会被剥夺。而进入近现代，人口的流动和社会分工的细化，更为突出的是一件产品已经出现了不同工序和不同组件，营销能力也在产品流通里占据了很大成分，每个人选择职业的机会也增加很多，自然而然造成了工匠精神的衰落。本身应该具备工匠精神之后，将工匠精神用于自己任何一个职业或是行业，我们却忘了这个先决条件，舍本逐末地一味追求利润和现金流，工匠精神的缺失造成了我们不能持续地生存和进步。

至于“情怀”，如果我们看作是“情状”，那是自身情感和想象的产物，既来自于外界事物对自己的影响，也来自于自己对外界的影响。将这种想象和情感，以普度众生的愿望，通过外在的吸引资源、有效利用这些资源，并持续努力，将这些附加在产品上，情怀也就产生了。我们去做产品，如果仅仅是为了利益和生存，缺乏自我情感和想象的代入，我们没有情怀，那我们的产品也不可能影响到和吸引到更多的人；我们去做慈善，不是带给我们更好的情感体验，带给受助者对未来的希望，那我们的慈善也就仅仅是个炫耀和个人资本。

当我在探究这些词汇的时候，我发现了我真正想探究的东西。就是成功者的宣讲对于我们到底意味着什么？工匠精神是每一个人应该做的，“情怀”也同样，但那些成功者的宣讲到底是陷入“成功者谎言”呢，还是我们真正能从成功者里面借鉴人生？

我们每次到书店选择书籍，或是网上浏览励志内容，都会看到太多的成功者的感言和教习如何成功的书籍，还有那些铺天盖地的成功者经历。似乎只要循着某条已经被验证的路，就一定能成功，像一个信教的信徒，只要你遵循仪轨，按部就班，就一定能获得一个丰盛的人生。那些成功者的讲演或是讲座，甚至是只言片语的理论，都让每一个还没有成功的人相信，我自己的成功指日可待。但为什么我们的周边依旧那么多的失败者，依旧充满心智不成熟的人？

还记得那个社会阶层的两极，可能都拥有精神病特质的例子吗？追求权力的动机强烈、取得更多权力的信念，获取权力的过程中有利自己、充满进取欲望的策略，强化自己对社会资源的掌控能力和掌控份额，这些都成为成功者的精神特质。他们拥有无畏的统治欲望，几乎没有社交恐惧和对自己身体的生理忧虑，他们拥有足够的领导能力，口才一流，危机应对能力强，与权力部门的关系和谐。他们充满了欺骗行为，却一再相信社会是平等的、公平的，因此也更不愿意承担社会责任。而这些成功者特质，如果没有成功者的光环，他们更像是一个精神病患者。当你缺乏这些特质的时候，你的成功几乎没有什么可能，但如果你拥有了这些特质，你又如何有足够的意志力、成熟的心智去完成由一个失败者向成功者的过渡呢？

没有谁愿意去听别人吹嘘自己，我们对周边爱吹嘘的人，会毫不遮掩地表示我们的厌恶，甚至远离这些人。我们也知道，如果想吹嘘自己，最好的方法是通过别人的嘴巴。但奇怪的是，我们总是很愿意听那些成功者的吹嘘，当你越发相信他们的吹嘘，他们就越发陷入了骗子越成功情绪越良好的状态，继续着他们的吹嘘。我们都知道，一个糟糕的环境、一个糟糕的情绪，不仅会影响到我们的道德水平，也会影响到我们的身体健康，那些愤世嫉俗和高傲自大，保守和成见，甚至与周边环境的敌对状态，都会让我们的心灵和身体遭受创伤，但成功者会告诉你这些是必须经历和经受的，却不告诉你怎样才能培养自己的意志力和自制力。

在任何地方的任何信息，我们最应该关注的是“沉默的大多数”。对于成功也一样，对于自己的人生也一样。成功者对于自己成功的描述，基本是笃定和流程化的，而那些失败和运气不会被描述在内，这让我们觉得成功是必然可以到来的，却缺乏面对危机的能力。而那些失败者是如何跌入深渊、如何没有爬起来，才是我们应该学习和借鉴的，但那些成功者的一言堂，让我们根本无从知晓这些。

我们善于创造、篡改自己的记忆，那些英雄和成功者更是如此。那些成功者口述的传记，并不比书摊儿上的奇闻逸事更靠谱儿。而这些，却是每一个热衷于成功的人最大的毒药，敌人比你更了解自己，传记我经常会建议看那些独立完成资料的、敌对方作者的作品，那里的成功者要真实得多。同样的，我们在追求成功的人生或是生活时，我们更多要做的不是追索自己的记忆，而是保持与环境的互动和联系，让环境随时提供给你答案。

“成功者的谎言”是我们心智成熟最大的障碍之一，“工匠精神”“情怀”都是成功者谎言活生生的例子，因为“工匠精神”“情怀”是我们生活和人生必备的能力，这些事物后边隐藏的是：自我

的担当、爱、选择、意志力和自制力。那些成功的特质和自我的心智成熟看似是对立的，实际上却是完美地结合。一个心智成熟的人，会有意识了解自己的舒适区和未知可能之间的关系，通过与环境的比对，依靠自身的意志力和自制力，完成个人的成功，迈向心智成熟。

安静而温暖的人生力量

冬天的时候，自己开车的机会多了起来，有点儿躲避雾霾、躲避寒冷的意思，但想想这样只会更增加雾霾，也就感叹人的自私和幼稚。想起过去大学老师在教育我们汽车对我们生活、我们的世界有多大影响时，曾经讲了个小故事：

一个外星人被派到地球上做调查，看这个星球是什么生物在统治着，有什么特点。

经过细致的考察，外星人回到了自己的星球，外星人统领问他："统治地球的生物长什么样子啊？"

"他们有钢铁的外壳和艳丽的颜色，有着发光的眼睛，他们发出轰鸣的声音，他们通过喇叭彼此交流，他们依靠喝汽油生存，并排泄出黑色的烟雾。这种生物叫作汽车。"

"还有什么特点呢？"

"这种生物拥有一种寄生虫，叫作人。"

这是一则说明人类、我们的世界有多么依赖汽车的笑话，时至今日，这个笑话的主角应该是电脑、手机和网络了吧，我们人类是寄生于这个网络、手机和电脑的。

曾经有研究调查了 2000 名智能手机拥有者的使用习惯，得出了以下的数据：手机用户每天第一次接触手机的平均时间为7:31am；手机使用者一般会在起床之前，就检查他们的私人邮件和Facebook；我们大部分人在一周之内，拿起手机的次数超过1500次；40%以上的使用者都承认，没拿着手机就感到失落。

与人类迎接汽车这个机械怪物出现的抗拒不同，对待网络、手机、电脑，人类是自电脑、手机、网络出现伊始就完全敞开了自己的胸怀，心甘情愿地被俘获。我们认为网络能拉近世界的距离，让我们获取无限的知识和信息，让我们更平等地面对资源，减少中间环节的浪费，也能第一时间获取最真实不带偏见的信息，我们在网络上也充满了存在感和自豪感，也可以建立另外一个完美的自我，甚至还可以随意讨论、评论还不用负担任何责任，我们的欲望都可以在网络上得到满足……

网络真的是上帝赐予我们这个时代最好的礼物吗？“我们自以为拥有什么，就是我们被什么拥有。”倒是几则关于Facebook的数据让我们可以一窥网络对我们影响有多大。

例1：（BBC报道）有关研究显示，人们使用Facebook等社交网站或许会觉得有很多社交联系，但是幸福感其实会降低。

美国密歇根大学的研究人员对82名有触屏智能手机和Facebook账号的年轻人做了一项关于使用社交网络的跟踪调查：在两周的时间里，从早上10点到午夜12点之间，在不固定时间每天发五次短信询问他们使用Facebook之后的感觉。

结果显示，两周后，人们使用Facebook越频繁，心情越糟糕。这与人们的社交网络有多大没关系，甚至与朋友们是否支持或喜爱无关，也和出于什么目的上Facebook没有联系。

领导这项研究的密歇根大学社会心理学教授伊桑·克洛斯说："表面上社交网站提供平台，满足人类基本的社交需求，但是我们发现，其效果与提高生活质量相反；其实它降低人们的幸福感。"

"我们有数据资料显示人们使用 Facebook 之后每天不同时刻的情绪波动。"克洛斯教授说，"你使用 Facebook 越多，你的心情就越差。"他补充说，与之相反，与人们亲身接触会使情况慢慢好转。

调查还根据人们的身体行为研究了社交网站对幸福感的影响。结果显示，浏览自己的页面会产生自我审视效应。

例 2：心理影响。

与此同时，另一项相关调查也指出，Facebook 会造成羡慕心理，减低人们对自己的满意度。

研究说，低自尊的人不会从摆弄自己的网络形象中得到任何好的回馈。

由英国伯明翰大学的戴维·霍顿领导撰写的论文说，在 Facebook 上发布的照片，特别是自拍照，会让一些不熟悉的人感到反感。

霍顿说："除了少数非常亲密的朋友和家人之外，其他人和那些持续在 Facebook 上发自拍照的人并不能建立密切的联系。"

调查员强调："值得我们警惕的是，那些我们与'朋友'分享的、发布在社交网站上的信息，其实被很多类人浏览：伙伴、朋友、家人、同事、熟人等；每一类人都对你所发布的信息有不一样的解读。”

例 3：社交媒体，控制你的情绪并传染给你的朋友。

一项通过操控 689000 个 Facebook 用户“新鲜事”订阅的研究发现，朋友帖子中评论、视频、图片和网站链接的情绪化内容可以影响用户的心情。如朋友帖子中积极内容的减少，会导致自己积极帖子数量的减少。然而，就是这一项被称为第一个通过社交网络获取大规模情绪实验证据的研究，目前遭受各种“科研伦理问题”的困扰。大量用户和学界人士抨击这项研究在未经用户许可的情况下，人为操纵其朋友圈的帖子，剥夺了用户选择参与或者退出实验的权利，另外，而其目的在于影响用户个人心情，同时潜在意义上对用户造成了困扰甚至伤害。

例 4：你不知情的社交网络“情感测试”。

最近 Facebook 很忙，原因是在 2012 年间，Facebook 联合康奈尔大学、加利福尼亚大学，对 70 万余名不知情的用户展开过一项有关“情绪感染”的测试。有整整 70 万用户在完全不知情的情况下，被进行了为期一周的情感测试。而最近该研究的结果发表于美国《国家科学院学报》上，引来众多声讨。

Facebook 在测试对象的页面上“人为”地设置了一些正面或是负面的情感关键词，用户登录时首先看到的是消息推送，即一个状态更新列表，包含好友发布的消息和照片。Facebook 显示给每个用户的更新列表是不全面的，即不包括所有好友的所有可能相关的消息，之后收集不同用户在自身 Post 中的行为表达。

但这种消息推送也不是随机的。Facebook 在推送消息之前，已经根据专有算法进行了筛选，没有人知道 Facebook 算法所使用的标准，它像谷歌的网页排名算法一样属于商业秘密。

长达一周的数据采集之后，大数据团队的成员可以借此观察到：外部信息会否对用户的情绪产生传染式影响。论文结论是："Facebook 上其他人的情绪表达会影响到我们自己的情绪，进而在社交网络上形成大规模的情绪传染。"这场"情感测试"实际是由 Facebook 和美国康奈尔大学的几名学者共同设计和实施的，而事件发生了之后，Facebook 完全没有预想到公众对这件事的反应如此强烈。

以上例子不仅涉及大数据时代，我们的网络隐私如何保护的问题，更可怕的是网络影响了我们的生活和对人生的看法。网络不再是我们的工具，而我们成了网络的影响者和被左右者，也就是说我们像寄生虫一样活在网络里。我们被网络局限在舒适区，在网络上分裂自己的人格，我们把网络这个虚拟世界当作真实的世界，我们以为掌握着自己的主动权其实却被网络所控制，这和我们的人生多么相像啊！

我不是声讨网络有多么邪恶，我们是怎么被网络绑架的。我们也不必讨伐网络时代的邪恶或残酷，也没必要每天追问为什么我们迷失了自己。"迷失"这个词，会让我们将所有的责任推给这个世界、这个时代。如我们前面了解到的，不是因为这个世界的诱惑或是邪恶让我们迷失了，而是我们逃避了自己，我们不能担当自己罢了。我们想过属于我们自己的生活，或是我们应该的生活，但因为欲望、恐惧、焦虑、抑郁，我们选择了逃避自己，结果却是让我们更加焦虑和恐惧。

我们以为掌控着我们的人生，我们以为我们足够努力，我们以为我们独立存在，我们以为我们能客观理性地看待问题并解决它们，我们以为我们善于迎接挑战并充满勇气……但当我们被外界所左右并失去了自我时，这些都成了人生的谎言。同时，我们也就缺失了安静的能力，也就失去了人生的智慧和力量。或许我们需要借助静心冥想的智慧，去达到安静、温暖而充满力量的人生状态。

当我们的内心安静下来，我们寻找到真实的自己，不再奢望用某一个社会角色去解决所有问题，也不会选择不同的角色来逃避自己应该承担的责任。那我们自然明白，我们的安静和成熟，一定来自于这些角色的融合，来自于融合后的角色和自我的平衡。当我们不再辨析我们的角色是否应该或是做得如何时，也就不再寻找和自我和平相处的方式，我们就不再是那个一方面不停诘问自己“为什么我是这样”，另一方面又寻找无穷的理由解释“我只能是这样”的人。那些以为能和自己的内心和平相处，就能得到人生成熟和平静的人，最终依旧充满焦虑、忧郁，与自己的战争没有硝烟，却最为惨烈。那些问自己“我不该这样活着”的人，那个提出问题的人是谁？那个解决问题的人又是谁？

我们与这个世界不能和谐相处的时候，我们也就别指望能和自我和谐相处，你既然看不懂这个世界，自然也无法了解自己。于是，安静从容在我们身上几乎不可能达成。静心冥想就成为我们通向安静的唯一途径，这不是宗教的仪式或是仪轨，只是安静下来自己，不再割裂自己，不再标签自己，融合后的自我自然与这个世界界限清晰，自然充满了存在感。因为界限清晰，你与世界的关系、联系和互动也清晰而明确，与世界的律动也可以合拍而独立。既不会被这个世界轻易改变，也不会故步自封拒绝应有的学习和改变。

静心冥想在让你寻找到独立的存在感之后，也让你安静下来。让你了解了这个世界的速度和方向，也了解了周边人的速度和方向。我们通常是在比较我们人生的速度和世界的速度，以此来证明自己的人生是否成功或是有否错误，同样我们也在比较自己和周边人的速度，来辨别自己的状态。我们所有的焦虑和恐惧，基本都来自于这些比较和比较后产生的冲突感。但只有安静下来，我们才能关心到方向，才能察觉到加速度。或许我们的速度不快，但加速度不低，或许我们的方向与周遭的方向不一致，但不表示因方向背离产生的速度差证明我们比其他人差很多。我们的幸福感是一段时间自我人生的进步和提升，不是跟周遭比较的结果。这或许就是静心冥想的智慧。冥想让你自知之明，智慧让你自知而明。

我们总是被虚假的答案所困惑，被编纂的过程所左右，未来于是充满恐惧，而自己的过去充斥着臆想。我们之所以畏惧未来，是因为我们不知道自己能不能变化。我们怀念过往，是因为经历让我们以为我们可能改变，可能做得更好，其实骨子里还是我们已然知道过去不能改变。这是我们恐惧未来，对现在不满最大的原因。人生没有答案，只有问题。一方面，我们渴求答案，于是将答案看作过程；另一方面，我们将答案当作问题，去推演其中的流程。

智慧是充满感知的行动，不是答案和结论，知识没有让你智慧，而是让你逃避和寻求安全感的时候，你已然不可能智慧。智慧是一种观察，不是一种决定。智力让你理性，智慧让你慈悲。感知才能推理，和谐运用才有真相。同样的，智慧不是你的知识或技巧，而是直接认识事物的能力，我们越来越多地借助已有的别人的认识、方法去看待真实，内心被思维和猜想所替代，那如何迎接到智慧的出现呢？

当明白这些的时候，安静而温暖的力量出现了。因为我们由此成为一个感知者，对自己的人生充满绝佳的感知力，我们不再追寻人生的答案，而是去经历自己的人生。我们开始明白，我们没有任何可借助的力量，我们想要充满吸引力，充满意志力，这些都是我们内心的力量。谁都不是火种可以点燃你让你燃烧，或是借助这个世界的某个力量可以温暖我们自己，只有我们自己燃烧自己，才能得到温暖的力量。

新时代我们为什么需要心智成熟

看看我们身边的人，像这个世界般的毫无生气，他们拥有刻意的妆容和新潮的服饰，他们面无表情、充满疲惫而行色匆匆，却隐隐透露着衰败的气息和焦虑的节奏，像僵尸般度过每一天。

他们充满欲望却又随时焦虑，他们追求安全感却好奇心爆棚，他们怨恨这个世界却选择随波逐流，他们追求愉悦却在得到后意兴阑珊，他们不知道幸福是何种滋味、把及时行乐当作幸福的替代品，他们追求成功却无比恐惧失败，他们渴望拥有和占有事物和人，却拒绝付出和学习，他们恐惧世界的变化却希望自己不劳而获，他们渴望和别人交流互动却永远猜疑对方。

他们待在自己的舒适区却渴望人生产生巨变，他们拒绝改变却痛恨这个世界的邪恶，他们追求爱的感觉却压根儿不懂得什么是爱，他们放弃选择却认为自己被命运捉弄，他们没有自我却随时强调要做一个特立独行的人，他们欺骗自己却认为是被世界欺骗，他们自私而短视却一再被这个世界算计，他们渴望公平公正却总想投机取巧，他们总受伤害却也不停地伤害别人，他们充满怀疑却总是轻易相信信息，他们拒绝被奴役却对这个世界谄媚不已……

没有人不想做一个有趣而有用的人，能够安静、温暖而充满力量。但在我们满腔的热血激情被我们的人生摧残得伤痕累累时，我们逐渐被这个世界冷却甚至冷冻，渐渐失去了生命的力量、速度和温度。我们活在不停地回想过去、厌倦现在、恐惧未来的循环里无法自拔，看似是这个世界让我们如此惨烈，但根本原因是我们缺乏必要的心智成熟。

我们认清我们所处的时代了吗？到底是我们怎么了，还是这个世界怎么了？

社会的变革和信息的海量，世界的互联和人彼此间的猜疑，我们像是从原始社会穿越到了现代，当我们迫不及待地想融入这个世界并取得成功、幸福时，我们过去的一切认为正确的都塌缩了，我们以为拥有的都被剥夺了，我们赖以为生的能力都被证明毫无用处，我们像从自然界被捕获的动物，关在了被人欣赏的牢笼里，无法快乐也看不到未来，也无法适应这个全新的世界。

世界由工业时代刚刚转为信息时代，就已经马不停蹄地转为互联和合作时代。我们刚刚从农耕时代明白专业技术的重要，却被裹挟着进入互通互联的虚拟时代。农耕时代我们接受的道德伦理、家族、朋友的信念，对于爱情婚姻家庭的观念，“技术至上”时代灌输给我们的专业信念和社会组成，在新的时代里已经被要求转变为：**建立合作的能力，对于新知识、新信息的获取和掌握能力，对于未来的预测和掌控能力，将生活、工作结合与平衡的能力，自我融合心智成熟的能力，赋予人生意义的能力，寻找、创造快乐和建立幸福的能力。**

专业技能曾经被罩之以万能的光环，对于知识的掌握、专业技能的培训、专业知识的精通，在我们的教育里被严格要求。但现在，我们发现我们不再仅仅是面对某一个人的竞争，而是面对整个世界的竞争，总是有能提供更好的技术、更好的服务、更好产品的人或组织甚至是国家随时出现。依靠个人的能力，几乎已经不能很好地生存，现代社会似乎又退回到原始狩猎时代，没有合作也就没有未来。合作的能力，第一次优先于个人的能力，而我们从小受的教育是在与别人竞争中获得先机和成功，而适应这样的转变只有心智成熟的人才能做到。

社会的变化和自身的进步，宗族化下的社会关系，因为成员境遇的不同，再也不可能像过去那样稳固而其乐融融。我们在努力维持的同时，却不得不看着冲突的产生却无能为力。甚至我们的家庭、子女，因为个人发展速度的不同，彻底没有共同语言，我们的教育也没有教会我们沟通的能力和解决的办法，这让我们对子女的教育、对婚姻的态度，停留在过去的模式里，最终导致了破裂和危机。我们的朋友和社会人脉，在我们不停的变动中，在他们不停的变动中，我们既没有维持维系的能力和习惯，也没有重新建立的方法，一切被命运裹挟着向前。而与环境的互动，保持自我和环境之间的和谐，这些只有心智成熟的人才能完成。

这个世界已经变成了“欲望+注意力”的时代，想要获得注意力和引发别人的欲望，这个世界依赖的是视觉和猎奇，我们接受的信息更多出现猎奇、丑陋、怪异、裸露、赤裸裸的炫耀和诱惑。而这些，我们曾经被教育成“恶”的东西，占据我们的信息渠道时，我们的不知所措可想而知。金钱=快乐，占有=满足，诱惑=愉悦，舒适=幸福，这些基于社会化营销的等式让我们彻底迷惘，看不清自己在哪儿，自己的未来将会怎样。而只有心智成熟，才能让我们依靠自我的意志力和自制力，完成独立自我的构建。

成功被所有人追捧，而成功者也一样被焦虑和忧郁所笼罩。这个世界基本被描述成：社会底层、社会顶层都是狂躁的、愤世嫉俗的、充满欲望的，社会中层都是焦虑的、抑郁的、充满不安的，我们的生活和工作一团糟，我们的人生变得毫无生气也无力改变，每一个人都生存在战争中，周边每一个人都是敌人，每一天都是你死我活的战争和决斗。缺失安全感和存在感，让我们每个人都深陷于心理问题中无法自拔。只有成熟的心智模式才能化解这些，才能将自我的存在和与环境的平衡结合，将人生变成一场充满安全感的旅程。

这也是一个个人存在感最弱的时代，每个人都被标签、被量化，每一个人努力地刷存在感，每一次的结果却是越来越没有存在感。自我和社会角色之间的冲突，要么一个人被分裂成不同的角色，变得疑似精神分裂，要么搞混了角色，每个角色都含糊不清，而且在不停地变换中，我们逐渐失去了自我，然后将自我分裂成两个自己，甚至出现了如何与自己和谐相处的学说。也只有成熟的心智，才能让我们在自我的存在和环境的要求之间寻找到动态的平衡，保证自我的存在。

愉悦不是喜悦，快乐不是幸福，爱不是交易。这个世界热衷于替换概念和制造交易，将身体的愉悦描述成快乐，将欲望的满足篡改成幸福，将爱变成了人生的一场交易或是捕猎，于是我们越来越感觉不到喜悦，我们越来越存在罪恶感，我们越来越需要更多的刺激才能不那么麻木不仁，我们既不会爱，也缺失了爱的能力，也恐惧于爱。心智成熟的人，懂得如何坚守自我获取真正的喜悦，也更拥有爱的能力，也才有可能拥有得到爱的机会。

世界的互联，让每一个人更加孤独，而这个世界告诉你孤独才是人生的宿命，但如何在孤独里获取丰盛的人生，这个世界没有义务教会你。如何变得有趣，如何对别人、对自己都是有用的人，在世界的变化里，保持安静温暖而充满力量，既有人生的加速度也有人生的方向，还能保持着比世界略快一步？只有心智成熟才有希望达到。

这个世界更加需要你面对未知的能力，过去的知识在你学习的时候已经落伍，如何面对未知的未来才是我们最为需要的。这需要学习能力，快速领会和运用的能力，选择适当方法解决的能力，将新知识与自我生活工作结合的能力，选择的力量，等等。正如著名未来学家彼得·伊利亚德所说："今天我们如果不生活在未来，那么未来我们将生活在过去。"心智成熟是保证你能快乐和充满喜悦地活在未来的唯一的途径。

未来属于那些高感性、高感知度的人。这些人具有独特的思维，看起来与众不同却又亲切而温暖，他们拥有通感联觉的能力，拥有创造性、共情能力，深具熟练辨别模式、建立模式的能力，热衷于探索人生的意义，既关注自己又具备全局意识，他们总是会收获最大的社会回报，获取更多的社会资源，并在享受自己人生的同时享受到极大的快乐。

他们善于观察世界的趋势，并从趋势里发现机会，将似乎毫无关联的事物和概念结合起来，转化为新的事物。他们善于思考也善于讲述故事，并真正打动周边的人。他们敏锐却不敏感，可以随时

觉察他人情感的微妙变化，熟谙如何去做到人与人微妙互动，而且深谙建立共同利益的方法和诀窍，不仅懂得而且有能力给自己和周边的人寻找到快乐，将工作和生活很好地协调，并在日复一日的枯燥人生里发掘出意义，制定属于自我的目标并充满意志力地达成。

“于佛处见魔，于魔处见佛”，这是佛教的一个机锋和暗喻。同样的，我们人生心智的成熟，正来自于我们曾经的生活经历，现在面对的人或事物，还有对未来的渴望。这也是为什么我们需要我们的灵性之光，心智成熟。

让我们走上属于我们自己心智成熟的人生吧！

将自己记忆里和书柜里那些成功学的书籍彻底地抛弃掉。成功者的谎言，是我们面对人生最大的毒素之一。心智成熟才是我们应该努力的方向，只有明白沉默的大多数，而且明白自己是这些大多数成员之一，我们就能更好地认识自我的人生。

静心冥想不是某个宗教的产物，也不是某种仪轨或仪式，我们完全可以将静心冥想运用到我们日常的生活里。安静、温暖而充满力量，更多的是要求我们真实地面对我们的人生，也更多地了解“**担当自我，了解真相，自我界定，保持平衡**”。

新时代是那么需要心智成熟，只有心智成熟才能面对世界的变化，才能保证我们完整、幸福地走过我们的人生。人生的意义和幸福是关联的，人生的快乐、喜悦和世界是关联的，正因为如此，我们的心智成熟才那么重要和必须。

To interact：

1. 找出最激励自己，让自己最热血沸腾的励志或是成功学书籍，那些曾经打动你的是经历还是方法？如果是方法，你运用了多少？还是仅仅热衷于幻想？

2. 寻找静心冥想的机会，去梳理自己最近的一年经历，是让你更认识自己了，还是更迷惑了？写出你的迷惑，问问自己是什么原因造成的？

3. 新时代心智成熟的人，需要拥有的，你拥有多少？是否有计划去努力拥有这些特性？

走上心智成熟的人生之路

冬天最萧索的时候，不是那些寒流出来的日子，也不是冰冻三尺天地皆寒的时刻，即便是大雪纷飞，我们也能寻找到温暖的避难所，甚至包裹严实地去外面疯着玩。最难挨的时候，是我们觉得冬天应该过去了吧，我们似乎已经不能再承受寒冷和灰色，筋疲力尽地期盼春天的到来，春天却似乎没有任何的消息。

我们的人生似乎像这个冬天，我们做好了迎接人生残酷的准备，也曾经尝试热爱这个世界，我们将自己武装到牙齿，使出全身的气力，但最终还是觉得自己遍体鳞伤，既没有希望也看不到未来。“这个世界最痛苦的事情，不是你现在有多么痛苦，而是似乎未来还有希望。”

在1972年的时候，《增长的极限》出版发行，作者预言人类文明将在21世纪的某个时间点上崩溃，此书成为“末日悲观理论”的代表作。书里建立的在人类“放任自流”模式下，对世界人口、食物、资源利用、环境、经济的预测，竟然和后来现实的数据惊人地吻合，如果人类不想面对不可遏制的下滑，唯一的方法就是正视这些问题并积极解决。

或许我们的人生也一样，这个世界并不会提供给你安静、温暖而坚定的力量，他给你的永远是无穷的、随时随地的问题，而自我的人生如果进入“放任自流”的模式，那看似蒸蒸日上成功的人生，总会突然出现断崖式的跌落;或是不管你多么努力，或是多么认同命运，却依旧重复地失败，永远得不到安静。特别是那些我们觉得自己即将成功，即将收获幸福的时刻，幸福和喜悦似乎又远离了一些，像在这个冬天最萧索的时候，渴望春天。

我们从春天走到了冬天，是否能如四季轮回般迎接生命的春天，还是就此死寂一片毫无生机？我们遇到的每个人、每件事、我们如何解决、如何了解真相、如何思考、如何确立自己的存在、如何选择、如何去爱和接受爱、如何发现和制造快乐和幸福、如何看待命运和信仰，这些组成了我们的人生。每一天都是一个轮回，我们既可以让春天到来，也可以就此迈入人生的荒芜。

那让我们尝试走过这个四季，让心智成熟安然降临，迎接人生的恩典，将生命闪耀温暖而安静的光芒吧！

我们从孩童时期接受的教育，我们的家庭、老师、朋友、亲友、社会都告知我们那些我们需要承担的社会角色，不管这个角色的外壳和我们本身是否般配，我们必须努力将自己放进去，甚至不惜折断自己的腿脚去将就这些角色，角色里的自己也逐渐地僵硬而残缺不全。当我们觉察出自我已经病态的时候，却已经忘记如何确立自我，如何运用和伸展自己内在的力量。甚至，要么我们把社会角色当作自我，要么只把自己当作一个演员去扮演各类角色。当然，不是让我们彻底抛弃这些社会角色，而是我们需要更清晰认识我们的社会角色，这些角色我们必须担当，但不妨碍我们让真实的自我舒展而充满存在感。因为更清晰地认识到所担当角色的责任和义务，自我就是内在的自我和外部社会角色的集合，我们才既不逃避自我，也不逃避角色，达到担当自我的状态。

担当自我给我们带来的惊喜是，因为明确的社会角色和自我，让我们有了稳定而客观的视角，我们既不会因为失去自我而对事实的真相无从了解，也不会因为不同社会角色造成我们自己的视角混乱，也不会因为逃避真相而去歪曲事实或歪曲自己的记忆。真相浮出了水面，事物以最真实、最清晰、最富有逻辑性的面貌展示在我们的面前，真相将你内心的那些不愿意面对的也毫不保留地呈现出来。现在，你依凭的力量是对现在的了解和对自我的认同，不再依靠昨天来指导今天，也不会因为幻想未来而让今天无所事事，更不会以选择逃避自己的方式去面对自己。

真相是那么清晰而明亮，你对自我的界定也将变得界限清晰和不再模糊。过去，因为自我界定不清造成的冲突和伤害，将你伤得遍体鳞伤，让你充满焦虑和抑郁，恐惧而没有安全感。而现在，你明白了力所能及和自己能力的边界。你同时明白了周边环境的界限，也界定了其他人的界限。你会轻而易举地避开与其他人的冲突，并建立双方尽可能多的共同利益。你也将从孩童时期就开始影响你的事物、那些挥之不去的阴影认识清楚，并将它们封存在你的记忆里，不再对你的现在和未来产生任何不良的影响。你会越来越平静而充满力量，因为你所做的是你力所能及做得最好的。

担当自我、了解真相、自我界定、保持平衡，这些带来的将是

一个焕然一新的人生。你明白自己的位置和界限，你也第一次认真面对了你的环境，你也明白只有与环境的互联互通，彼此交互作用，你才可能有幸福的生活。而寻找并保证自我和社会角色之间的平衡，内在环境和外部环境的平衡，这让你真正得到了与环境的和谐。你不再追求所谓和自己的和谐相处，也不再追求与环境的和谐相处，因为此时的你，本身是环境的一部分，而且与环境在和谐地律动。你的自我不再割裂，那些最让你焦虑和忧郁的，其实不是外界如何，而是自我内心的纠结和分裂。当保证平衡成为你每时每刻的状态，喜悦和幸福自然来临。心智的成熟不再是你学习的模式，而是你本身就是成熟而坚定的人。

爱或许是人类永远绕不开的话题，与西方对爱的解读不同，东方思维的爱更加有力也随时伴随着你。西方思维里只有驱除你内心的“恶”或是“病”，你才能发现爱并感知爱，爱才成为真正的爱，才充满力量和纯洁；东方思维里，爱是自身的能力，只需要我们发现它、运用它，可能开始笨拙而不知所措，但爱会让你医治你内心所有的疾病，只要你不畏惧自己，培育爱、敢于爱，能够敏锐发现和感知到爱，坦荡地接收到爱。而这些，都会让你在心智成熟的人生道路上更为坚定，同时还是心智成熟必须借助的力量。

我们是如此渴望爱，最终把爱变作自己内心的一种设想，我们像那只孤独的鲸，忘记了如何与别人交流。爱是相互的联系和互动，但是闭塞的我们将爱在内心描述成我们喜欢的样子，却忘记了这个活生生的世界，也就失去了爱的机会，也无从发现爱、感知爱。爱不单纯是一个人内心的思想，也是接受爱的勇气和接收到爱的能力，这同样是自我存在的依据。

父母的爱，家族的爱，朋友的爱，任何时候、任何方式的怀疑都会让我们失去这些爱。我们把太多的爱当作天经地义的事情，并对爱附加了无数的条件，而这些条件只会一步步让你离爱越来越远。当我们明白，我们和我们的家庭、家族、朋友，不仅现在是紧密相连的，在你的孩童、青少年时期，都给你的人生埋下无数的种子，那就需要你真正依靠心智成熟去面对这些。这也是担当自我的开始。

“你记忆里的初恋有多美好，就知道你现在的爱情有多糟糕。”把初恋在记忆里描述得越纯洁和真诚，当下的爱情似乎就变得越功利和算计。当你每一段爱情都刻意地为了忘却上次的恋情，或是抚慰你某一次受伤的感觉，你就是在准备接受另一次伤害。把别人的爱情、书本里的爱情、影视剧的爱情当作爱情宝典的时候，你自己的爱情就显得如此不堪，你也在一次次的比较里失去了自我。只有在爱里学会改变，学习爱自己和爱别人，自我担当地爱，才是真正的爱，这也是爱的真相。

爱是彼此的融合，既保有自我，又建立属于两个人共同的世界。当你了解了爱的真相，也就明白了自我的界限、与所爱的人共同拥有的部分有什么不同。不是你拥有或占有谁，每个人在爱里依然拥有独立的部分，而融合的部分是属于两个人的，不是某个人独占的，爱的生长和美好，需要的是对属于两个人的部分，彼此的付出、努力，倾注的热情和关注。不是你需要爱的时候，再去关注爱，而是全神贯注去爱，自然会拥有爱。在爱里也要学会自我界定。

当你在爱里寻找到自我的存在，了解了爱的真相，完成了自我的界定，爱的成熟也悄然而至，爱本身变成了一种存在。我们不再试图让爱去完成自我的救赎，我们内心的阴影、曾经的遗憾、人生的苦楚，都不再需要爱去弥补。爱变成让我们真正面对未来最有力的力量。爱是一种存在的时候，“在”变成了一种状态，而这种“在”的状态，让我们得以在人生里随时保持平衡，并将我们身上那些过去经历造成的阴影和伤痛祛除，被爱替换。成熟的爱也将在你的孩子和未来里，带给你自我和环境的平衡和谐。爱，成为心智成熟最可依凭的力量。

人生的成熟，永远是学会制造选择的机会和真正自我去选择。人生的路，被我们错以为永远是被迫的和无从选择的，这让我们愈发痛苦、不停地逃避、随时地埋怨。我们习惯接受父母、家庭的安排，然后将自己交给社会，由这个社会替我们决定我们应该怎么做，我们自然一方面丧失了选择的能力，一方面控诉这个世界让你失去自我。我们周边，永远有那么多成熟和年纪不成正比的人。

“世界唯一不变的是这个世界一直在改变。”我们一步步规划我们的人生，将幸福一次次地推后，延迟幸福感希望能累积一个大大的幸福，但每一次的选择又变成被迫的举动，这让我们既不能和这个世界和平相处，又充满焦虑和恐惧，当我们把安全感当作摆在第一位的追求时，我们却被世界告知，你越来越不安全。而只有学习自我主动的选择，并开始为自我的选择努力，你的安全感和掌控力才开始出现。

梦想是否遥远，取决于你是否让选择变成一种行动，选择不再

是一种结果，而是一种开始。是学习的开始，是改变的开始，也是在了解真相后面对自我的开始。我们所谓被迫地选择，不是我们不够强大，而是你有意识逃避自我，而每一次的逃避，都会被你描述成被这个世界胁迫。而把每一次的选择都当作一个结果而不是开始，一样是为了逃避你必须做的事情罢了。人生的选择决定了你的方向，但选择后的行动才决定你梦想的达成。这是走向心智成熟的必经之路。

我们发现世界在我们眼里的样子和我在世界眼里的样子差异是如此之大，于是我们觉得这个世界不理解我、误解了我，我们逃避自己真实的模样，开始努力建立一个世界认可的样子，或者承认自己的失败，觉得自己没希望成功。我们寻找一切的心灵寄托，把自己和这个世界割裂，寻找到自己的避难所，宗教、仪轨、各类仪式，但这些却并没有让我们感受更好，反而因为这些所谓的信仰，让我们离这个真实的世界越来越远，隔阂更深。

你说："够了，我没有好的运气、我缺乏吸引力，我有这样那样的病，身体的，心灵的，都是这个世界给予我的，这个世界给我的只有伤害，没有幸运，我就是个彻头彻尾的失败者。"一个人可以不对任何事情负责，总需要对自己的健康负责吧。你没有意志力和自制力，和这个世界有关吗？吸引力来自于"意志力 + 自制力"，难道你不去培养自己的意志力和自制力，就能充满吸引力吗？你又有多少所谓的"病"，纯粹是为了逃避自己应该做的事情，而臆想出来的呢？一个对自己没有信念的人，怎么可能让这个世界给予你机会？而要吸引更多的目光，你又在如何做呢？

“世界有多邪恶，我们就有多无知。”我们用别人的自私来解释自己所受的伤害，我们用世界的邪恶来逃避承认我们的无知。我们把人生描绘成了一场战争，于是每个人都在与周边的人决斗，两败俱伤似乎是我们唯一的选择。于是我们的信仰连宗教都不用依托，纯粹是个私有的避难所，这让我们更加觉得世界的荒芜和人生的危险。而真正了解了是因为我们的无知，才让我们觉得这个世界邪恶，那我们的信仰就真正是我们的信仰，心智成熟或许才应该是我们的信仰。

世界遍布成功者的谎言，这些谎言才是让我们迷失自我的原因，不是你皈依了谁或是以谁为导师，你就能成功地享受人生，这只会让你穿新鞋走老路，你唯一可以依凭的只能是心智的成熟和走过自己的人生。这个世界鼓吹追随者，因为太多的人身上有太多的光环，需要你们的追随，他们才能保持闪耀。而我要告诉你的是，永远不要做一个追随者（包括追随我在内），而是去做一个心智成熟的自己。**心智成熟将开启你新的四季轮回之旅，你不是在人生的冬天里等待死亡，而是在冬天里创造春天。心智成熟会让你真正获取到安静和温暖，流动而充满力量，你会剥去那些所谓成功者的光环，看到他们自我灵性是如何闪耀的，于是你也将因为心智成熟、因为安静和温暖、因为充满自我的力量，而闪耀自己的光芒。**

没走过的是路，走过的才是人生！

后记

走过自己的人生

你一定觉得我疯了，“走过自己的人生”也可以做标题？谁又不是走过自己的人生呢？有谁可以代替我们走过我们的人生？

那真的如此吗？

我们时刻都充满焦虑，没有安全感，没有存在感，我们感受不到幸福、安静、快乐，这个世界总是让我们感觉到邪恶、冷酷而充满战争。我们患上无穷多的心理疾病，或轻或重，我们甚至给自己找出更多的心理问题来解释我们的人生。我们急匆匆出生，急匆匆度过孩童时期，急匆匆挥霍青春，急匆匆奔向衰老，在我们身体还没有死亡的时候，我们就被迫心灵死亡。我们渴望成熟却永远不会成熟，因为我们不懂得如何体验我们的生命。我们那么渴望拥有成熟、安静、温暖、幸福的人生！

可是，我们的人生只有一条属于自己的路。那些我们渴望的、属于我们的，会出现在我们要走的路上吗？

我们越了解这个世界越发现，我们首先要了解自己。可当我们费尽力气去了解自己，以为了解了自己、相信了自己，却发现大脑根本就没有统一的意志，我们发现大脑就是由若干个群体组成的小团体，我们自相矛盾、自我哄骗、自我纠结、自己跟自己过意不去。

我们试着和这个世界和平相处，甚至尝试和自己和平相处，但我们越努力，越像是一个精神病患者或是魔术师，分裂出更多不同的自己，似乎永远不可能找到人生的平衡和完整的自己。于是，我们才明白，我们最大的痛苦，从来没有来自外部世界，永远来自于自己的内心。我们需要心智成熟才能更好渡过自己的一生，才能走过真正属于自己的人生。

我们以为我们的人生是由一系列的选择构成的，每一个路口的选择造就了我们的人生。但其实，我们的人生永远是由一连串的体验构成的，有些路你不走下去，就不知道它有多美。当青春的热血没有让你更成功或是更属于自己，甚至那些激情和热血让你收获的是遍体鳞伤、心灰意冷，或许你就会明白，我们需要心智成熟的力量。我们不必忙着新生，我们只需要在人生的路上心智成熟，一次次地重生。

这不是一本励志书、成功学，也不是心理学手记;没有鸡汤，也不是棒喝，更不是“身心灵”，或是某些需要追随的大师或仁波切，因为我知道你不再需要这些了。这里更多是真实的故事、心理，甚至有点儿哲学的分享和学习。这本书只是告诉你，你可以依靠存在感、依靠爱，去祛除焦虑、获取到安全感，拥有幸福和喜悦，拥有将快乐和愉悦转化成人生常态的能力，建立真正成熟的心智模式。成熟的心智模式，不是告诉你有这样那样的病，或是让你打鸡血般忘乎所以，或是被迫皈依谁、追随谁。只是让你可以明白，如何在这个世界保持独立的存在，如何去爱，如何去选择属于自己的人生，如何走过属于自己的人生。看得见未来的是路，但经历过的、真正走过的，才是属于你的人生。

或许，你选择这本书仅仅是因为名字或是封面设计，那要感谢编辑和设计大师，我们总是很善于从一本书的封面判断整本书的内容，85% 的人对某人或某种事物先入为主的判断很难发生改变。如果因为这样你拥有了这本书，恭喜你，你被你的心理所左右了。

如果不是，你正在尝试浏览这本书？那看目录，闭上眼睛，想想这本书在说什么？有没有你希望解决的问题，答案就在这里？研究表明，闭上眼睛可以帮助你更好地回忆过去，过去那些你纠结的、寻找不到答案的问题，这里或许有答案。你和我，都开始学习安静和关注自己的心灵吧。

也或者，你开始尝试读这本书的文章，那就找个最舒适、最快乐的姿势——快乐的姿势会让你感觉快乐，这就像你在浴室总是有无穷的奇思妙想一样。“在你变得不那么注意自己所处环境的时候，会更加了解自己的内在思想。”读这本书会让你持续读下去又不觉得无聊，你也将确信自己有足够长的时间来迎接源源不断思想泉水的喷涌。

为什么要写这本书？因为要感谢博弈中天孙业钦先生，五年里孙先生不厌其烦地建议我写本书，我却热衷于去体验自己的人生，一次次地拒绝孙先生和那些对我好奇的出版商们。当孙先生说服我写这本书也是人生的体验时，我想那些焦虑的、忧郁的、充满不安、寻找不到自己的人，是不是可以和我一起去充满勇气地探索人生？心智成熟跟年纪无关，那些已经走过的，或是即将走过的是路，但真正自己走过的，才是人生。

此外，感谢网络时代的信息和那些先哲们的话语。书里的故事和新闻报道、心理学研究结果，来自于我的生活经历、《心理学人》《沉思录 1、2》《生命之书》、煎蛋网、安东尼·德·梅勒及各类新闻媒体，等等，在此一并感谢！